长江少儿科普馆

传世少儿科普名著插 图 珍 藏 版 CHATUZHENCANGBAN **高端编委会**

Changjiang
Children's
Encyclopedia
长江少儿科普馆

中国孩子与科学亲密接触的殿堂

传世少儿科普名著 插图珍藏版
CHATUZHENCANGBAN

珍稀动物大观园

刘后一 ◎著

长江出版传媒 | 长江少年儿童出版社

主编絮语

（代序）

书籍是人类进步的阶梯。有的书，随便翻翻，浅尝辄止，足矣！有的书，经久耐读，愈品愈香，妙哉！

好书便是好伴侣，好书回味更悠长。

或许，它曾拓展了你的视野，启迪了你的思维，让你顿生豁然开朗之感；或许，它在你忧伤的时候给你安慰，在你欢乐的时候使你的生活充满光辉；甚而，它照亮了你的前程，影响了你的人生，给你留下了永久难忘的美好回忆……

长江少年儿童出版社推出的《传世少儿科普名著(插图珍藏版)》丛书，收录的便是这样一些作品。它们都是曾经畅销、历经数十年岁月淘洗、如今仍有阅读和再版价值的科普佳作。

从那个年代"科学的春天"一路走来，我有幸享受了一次次科学阅读的盛宴，见证了那些优秀读物播撒科学种子后的萌发历程，颇有感怀。

被列入本丛书第一批书目的是刘后一先生的作品。

我是在 1978 年 10 岁时第一次读《算得快》，记住了作者"刘后一"这个名字。此书通过几个小朋友的游戏、玩耍、提问、解答，将枯燥、深奥的数学问题，演绎成饶有兴趣的"儿戏",寓教于乐。在我当年的想象中,作者一定是一位知识渊博、戴着眼镜的老爷爷,兴许就是中国科学院数学研究所的老教授哩。但没过多久我就被弄糊涂了,因为我陆续看到的几本课外读物——《北京人的故事》《山顶洞人的故事》和《半坡人的故事》,作者都是刘后一,可这几本书跟数学一点儿也不搭界呀?

直觉告诉我,这些书都是同一个刘后一写的,因为它们具有一些共同的特点:都是用故事体裁普及科学知识;故事铺陈中的人物都有比较鲜明的性格特征;再就是语言活泼、通俗、流畅,读起来非常轻松、愉悦。

一晃十多年过去了。大学毕业后,我来到北京,在《科技日报》工作,意外地发现,我竟然跟刘后一先生的女儿刘碧玛是同事。碧玛极易相处,渐渐地,我们就成了彼此熟识、信赖的朋友。她跟我讲述了好些她父亲的故事。

女儿眼中的刘后一,是一个胸怀大志、勤奋好学而又十分"正统"的人。他父母早逝,家境贫寒,有时连课本和练习本也买不起。寒暑假一到,他就去做小工,过着半工半读的生活。他之所以掌握了渊博的知识,并在后来写出大量优秀的科普作品,靠的主要是刻苦自学。他长期业余从事科普创作,耗费了巨大的精力,然而所得到的稿酬并不多,甚至与付出"不成比例"。尽管如此,他仍经常拿出稿酬买书赠给渴求知识的青少年。在他心目中,身外之物远远不及他所钟情的科普创作重要。

在一篇题为《园外园丁的道路》的文章中,后一先生戏称自己当年挑灯夜战的办公室,是他"耕耘笔墨的桃花源",字里行间透着欢快的笔调:"《算得快》出版了,书店里,很多小学生特意来买这本书。公园里,有的孩子聚精会神地看这本书。我开始感到一种从未有过的幸福与快乐,因为我虽然离开了教师岗位,但还是可以为孩子们服务。不是园丁,也是园丁,算得上一个园外园丁么?我这样反问自己。"

当年(1962年),正是了解到一些孩子对算术学习感到吃力,后一先生才决定写一本学习速算的书。而这,跟他的古生物学专业压根儿也不沾边。那时,他正用数学统计的方法研究从周口店发掘出来的马化石。他敢接下这个他专业研究领域之外的活计,在很大程度上是出于兴趣。他很小就学会了打算盘,并研究过珠算。

后一先生迈向科普创作道路最关键的一步,是学会将故事书与知识读物结合起来,写成科学故事书。他的思考和创作走过了这样的历程:既是故事,就得有情节。情节是一件事一件事串起来的,就像动画片是一张一张画联结起来的一样,连续快放,就活动了。既是故事,就得有人物。由此,"很多小学生的形象在我脑际融会了,活跃起来了。他们各有各的爱好,各有各的性情,但都好学、向上、有礼貌、守纪律,一个个怪可爱的"。

在后一先生逝世 20 周年之际,他的优秀科普作品被重新推出,是对他的一种缅怀和敬意,相信也一定会受到新一代小读者的喜爱和欢迎。作为丛书主编和他当年的小读者,对此我深感荣幸。

尹传红

2017 年 4 月 12 日

我国珍稀哺乳动物

懒惰的蜂猴

人们常常把那些不爱干活的人叫作"懒汉"，对于这种懒人，可以用各种方式改造他们，使他们成为勤奋的人。有一种被称为懒猴的动物，属灵长目，和人有点联系，可是它们怎么也不会变成勤快的猴。这种猴大名叫蜂猴，外表倒是挺可爱的：金黄色的皮毛，背中央还有一道棕褐色的直线，圆圆的头上长着一对小耳朵。它们虽然耳朵小，可听力很好；眼睛又大又圆，周围有黑眼圈，活像戴上了墨镜。白天它们眼大无神，看不清什么，到晚上这副眼镜可就发挥了作用，真可谓"夜眼"了。蜂猴躯体矮胖，四肢短粗，个头比家猫还小点，人们可以抚摸它、抱它。1～2厘米的小尾巴隐藏在毛里，如果不仔细看，还以为它是高等的无尾猿呢！

为什么叫它懒猴

蜂猴这个名字本来就很美了，可为什么又称它为懒猴呢？让我们看看它的行为动作就不难理解了。在生物进化过程中，蜂猴是灵长类进化中相当原始的种类，也被称为原猴类（不是猿猴），它们曾广泛分布于亚非大陆，但进化中它们落了伍，大部分消亡了，能生存下来的只能藏于密林中以被动的方式生活。亚洲仅残存几种，即蜂猴、瘠懒猴和数种眼镜猴。非洲种类略多些，主要是因为马达加斯加岛与非洲大陆分开，莫桑比克海峡使它们得以保存下来。

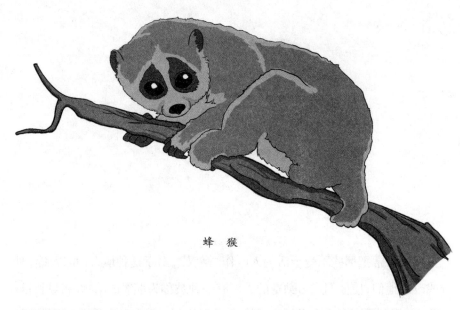

蜂　猴

原猴远隔万里分布于东非、南亚两处，有人便以此作为大陆漂移的重要证据。

　　蜂猴生活在热带、亚热带的密林中，那里敌害少，气候湿润温暖，食物丰富(鲜叶、嫩芽、种子、果实、小鸟、鸟蛋、昆虫、蜥蜴等取之不尽、用之不竭)，这种环境养成了它们的惰性。它们白天在树洞中或树杈间，将身体蜷成一个圆球埋头大睡，如果不是肠胃叫苦，它们好像要永远睡下去。晚上醒来，它们在树枝上或倒挂在树枝下，慢条斯理地向前爬行，用那双明亮的大眼睛四处张望，然后选择可口的食物细嚼慢咽地吃着。它们吃得很慢很慢，每顿只吃一点，真像人们说的那些饭量小的人"吃猫食"一样，吃一点就饱了。这也难怪，因为它们不爱活动，新陈代谢的速度就慢，一天到晚除了睡觉和觅食外，再也没什么别的活动了。时间长了，它们全身长满了绿色的地衣、藻类，真是名副其实的"懒猴"。

处变不惊

　　从前有人为懒汉编了一个故事，说是一个人懒得连脸也不愿洗，以致脖子上的污垢很厚，一个小偷来他家偷东西，在他脖子上砍了一刀也没有伤着他。懒猴也和懒人一样，全身的绿色是它的保护色，藏在万绿丛中很难被敌人发现。即使真的被敌人发现了，它也会处变不惊，这倒不是因为它沉着，而是因为它反应迟钝。

有一次，一只懒猴被狗咬了一口，它却满不在乎地慢慢转过头来看看，发出蜜蜂似的嗡嗡声作为抗议。有人形容说，星期一扎它一针，它星期三才会哎哟叫一声。别看它反应迟钝，可有一种本领是别的动物都比不上的，那就是它能牢牢地抓住东西，让它松手可不是件容易的事。有人曾经看到一个猎人打死了一只懒猴，可它的脚趾仍然将树枝抓得牢牢的，不肯掉下来。

大个子台湾猴

大陆变迁的产物

猴在它的进化过程中,依自然资源环境的安排,跟协商好了一样,分别向三路进军:一路以树上生活为主,形成叶猴、疣猴类;一路在半树木半灌木地区生活,形成庞大的长尾猴群;还有一路以地面、山岩为家,形成了狒狒、猕猴类。地面的环境比树上危险得多,要在群兽中立足,不但要有胆子,还要有周密的组织。因此,猕猴、狒狒形成猴类中最有系统的家族群,它们性格凶猛,"翻脸不认人",大自然造就了它们凶悍的性格。

我国台湾特有的珍稀动物——台湾猴,属于半地栖猴类。它与大陆上其他猕猴相似,只是它的躯体更粗壮,尾巴更长些。它身着黑灰色皮毛,腹毛色较浅,绒毛又长又密,如同穿着一件翻毛皮衣,身材显得更加魁伟。在猕猴类中,台湾猴可算得上大个子了。它的四肢近乎黑色,油光发亮,如同戴着黑丝绒长手套、穿着黑丝袜,所以人们又称它为黑肢猴。我们想象这种猴子似介于猕猴和短尾猴之间,可算得上是大陆环境变迁的产物吧。

台湾猴的生活

台湾猴生活在台湾高雄、花莲、台中、台东、南投、恒春等地的山上,

台湾猴

它们由猴王带队，成群结队地活动，少则 5～6 只，多则 10～50 只。清晨和傍晚是它们觅食的时间，野果、嫩芽、树叶、树皮、软体动物、甲壳动物、蝗虫等丰富的食物是它们生存下来的保障。它们善于在树间跳跃，你追我打，嬉戏玩耍，长长的尾巴起着平衡作用。人们常用"猴精猴精的"来形容人的聪明，用这句话来说台湾猴的聪明，确是名副其实。它们不但能在山地生活，在水里也算得上能手，更有本事的是它们能两腿直立在浅水中行走。一旦出现危险情况，它们会立即发出尖叫，众猴在瞬间就逃之夭夭。

台湾猴同人类一样，终年都可以生儿育女。小台湾猴一出生体重就有400克左右。母猴对自己的小宝贝爱得很，不愿让它远离自己。小宝贝一旦离开了，母猴会马上把它叫回来；或是一听到小猴的叫声，就马上跑到它的身边。

欢迎台湾猴再来大陆

1950 年前后，上海动物园曾展览过台湾猴。20 世纪 50 年代初期，北京动物园还有 13 只台湾猴，后来都死光了。现在只有台湾动物园中还养着几只台湾猴。野外台湾猴的数量越来越少。滥伐树木，破坏了它们的生态环境；再加上严重的偷猎活动，许多台湾猴惨遭杀害。台湾当局虽于 1973 年下过禁猎令，并建立自然保护区，但偷猎之风仍未被禁住，台湾猴仍有灭绝的危险。我国已将它列为国家一级保护动物。

为了祖国统一，我国政府和人民做了不少努力，台湾人民和大陆人民的来往、文化交流等日渐增多。2008 年大陆将一对来自四川卧龙自然保护区的大熊猫赠送给台湾。这对熊猫入驻台北木栅动物园，被分别取名为"团团""圆圆"。或许有一天，台湾猴也将在祖国大陆的动物园再次展出。愿这时刻早一天到来！

叶猴的家族

世界上现存的叶猴全部生活在热带、亚热带丛林。生活在我国的叶猴有长尾叶猴(印度灰叶猴)、黑叶猴、白头叶猴、菲氏叶猴、戴帽叶猴和白臀叶猴。前4种叶猴较常见,它们有相似的地方,又有明显不同的地方。

珍贵的"神猴"

我国西藏喜马拉雅山南侧,东到亚东,西至聂拉木一带,生活着叶猴中的老大——长尾叶猴。印度神话故事中的猴王"哈奴曼"就是它的化身。虔诚的信徒们尊称长尾叶猴为"神猴"或"圣猴",它们享受着特权,可以自由自在地来往于乡村和城市之间,到果园随便采摘果子吃,甚至到餐桌上拿东西吃,人们会恭恭敬敬地向它们贡献食物。

神猴的长相也很有趣,它身长0.7米左右,尾长1米左右,这根长尾巴不但起着平衡作用,还能调节体温。它身着棕灰色的披毛,只有眼眶和嘴周围是浅色毛,黑黑的耳朵、黑黑的脸,再加上黑色的四肢,倒是一副稳重的长相。但是它毕竟是猴类,离不开猴性,每天天刚亮,猴王就率领群猴又叫又跳地去觅食,嫩芽、树叶、花果和虫子都是它们的可口"饭菜",众猴一边吃,一边玩耍。

长尾叶猴虽然群居在海拔3000米的山地森林中,可是一到夏天,它们就

长尾叶猴

要跑到海拔 4000 米的高山上避暑,等到了冬天再下来,它们在白雪皑皑的世界里追逐嬉戏,因此又有"雪猴"之称。它们的活动给宁静的山地带来了勃勃生机。

长尾叶猴的分布地区狭窄,因此它们被列为国家一级保护动物。保护这种珍贵的种群一代一代地生存下去,我们责无旁贷。"麦克马洪线"两侧,无意中形成了一个长尾叶猴生活的天堂,守卫在那里的边防战士,每天早晨都会看到山上成群的长尾叶猴欢跳尖叫的场面。这里是敏感区,开不得枪,也没有人敢偷猎,几十年来,长尾叶猴的家族不断增口添丁,数量越来越多,它们成了边防战士的友邻,边防战士成了它们的保护者。

"乌"字带来的灾祸

不知从哪朝哪代开始,也不知道因为什么人的发明,人们开始对"乌"字颇感兴趣。据说"何首乌"能治白头发;"乌鸡白凤丸"能治妇科病;"乌猿酒""乌猿肉"能滋补身体等,就因为这个"乌"字,国家的一级保护动物黑叶猴横遭杀身之祸。

见过黑叶猴的人都知道它长得非常可爱。瘦长的个儿,浑身上下的披毛乌黑发亮,连四肢甚至面部都是黑色的,头顶上一撮黑色的发冠耸立,使它显得更加可爱。更有趣的是,它的下颌至两颊处长着又长又白的毛,就像留着两撮翘胡子,非常逗人。它80～90厘米的长尾巴末端,有一点白毛,真是全身乌黑一点白。平时,它们不招灾不惹祸,通常几只组成一个小家庭,居住在石岩山林中。它们胆子虽小,但行动敏捷,活动在悬崖绝壁的石洞、石缝中,很少到地面上来,好像它们知道天有不测风云,平地是去不得的。

黑叶猴的分布地区比长尾叶猴广些,云南、广西、贵州都有,越南北部也有一些。可是,它们在动物园展览的没多少。在国外,美国、日本、德国等国的几家动物园,在20世纪70年代末到80年代初才开始展出黑叶猴。1981年1月在美国展览的一只雌性黑叶猴还喜得贵子,这是黑叶猴第一次在亚洲以外的地区生育,当时可以算得上"历史性事件"了!

黑叶猴的天敌是豹、鹰,但最大的威胁还是人类。它们是森林里的精灵,人类对森林滥伐,也把它们一步步逼上绝路。广西人称黑叶猴为"乌猿",据说吃乌猿肉比吃狗肉还滋补。曾经还有人建了乌猿酒厂,说是用黑叶猴的骨头泡制的乌猿酒有祛风健胃的功能,这就更使得黑叶猴死于非命,人类的贪婪给它们带来了深重的灾难。

白头叶猴和菲氏叶猴

1952年,北京动物园的动物学家谭邦杰先生到广西搜集动物时,听当地人说那里除了"乌猿",还生活着一种"白猿"。谭先生为了弄个水落石出,开始调查起来,他寻根问底,顺藤摸瓜,终于在南宁郊外的一个小药店内,发现了一张头是白色的猴皮。后来动物园又弄到活的"白猿"。经专家分析研究,谜底被揭开了,原来这是动物学界从未发现过的一种新物种,被定名为白头叶猴。因为白头叶猴是谭先生发现的,动物学界也有人称它为谭氏叶猴。

白头叶猴的分布地区比长尾叶猴还要狭窄,在广西龙州、宁明、崇左、扶绥四个县市的部分地区,方圆200多平方千米的范围内才有发现。白头叶猴的数量十分稀少,国内没有几家动物园展览,国外也只有越南的吉婆岛国家公园还存在少许。因此,白头叶猴被定为国家一级保护动物。

白头叶猴在20世纪50年代才被发现,那时它被认为是独立种。现在看来,它的头部、脖颈、肩部和尾端的八分之一是白色披毛,除了这点毛色不同于黑叶猴,其形态和生态均和黑叶猴相同,所以近年来白头叶猴被认为是黑叶猴的一个亚种。

动物园里的工作人员告诉我们,白头叶猴性情温驯,讨人喜欢。它们在人工饲养下,也生儿育女了。小崽更加叫人喜爱,全身金黄色的披毛,圆圆的小脸上有一双水汪汪的大眼睛,身后拖着一条长长的小尾巴,两个月大时它就要离开妈妈,自己去玩耍。但做母亲的不放心,它会坐在一边警惕地注视着周围,看护着小崽,一旦发现什么情况,它就马上跑过去将小崽紧紧地抱在怀里。母子俩的毛色形成鲜明对比,给人留下难忘的印象。小崽的毛色会随着成长而慢慢变化,先由尾开始,变成淡黄色、白色、灰白色,到黑白两色,等到变成和妈妈一样的颜色,就标志着它到了成熟的年龄。

菲氏叶猴的大名叫灰叶猴,数量极少。它的肩、背呈灰褐色,胸前和腹部是黄白色的,同肩、背的毛色有明显的分界。由于它的眼睛和嘴巴周围的皮肤缺乏色素,所以形成了灰白色眼圈和嘴圈;眉额间有黑色的长毛,好似戏剧里边的小花脸。菲氏叶猴的生活习性和其他叶猴非常相近,但它更为灵活,能在树上飞跃。菲氏叶猴只生活在云南,是国家一级保护动物。

所有的叶猴,由于长期适应吃树叶的习性,胃分成小室以增加吸收面积。它们的肠道和胆囊中常有结石,是由吞食的体毛和碳酸钙构成的。大的结石有鸡蛋那么大,被中医叫作"猴枣",和牛黄、狗宝一样,有特殊疗效,因而叶猴常遭到那些想发横财的偷猎者的暗算。我国已采取各种措施,以保护它们不被杀害。

"美人"金丝猴

见过金丝猴的人，都会为它们的美丽外貌叫绝。公金丝猴身长 70 厘米左右，虎背熊腰，威武粗壮；母金丝猴身长 60 厘米左右，天生丽质，温柔可爱。它们的尾巴粗而长，有 55～77 厘米，走路时，还常把尾巴卷起从背上拖垂下来，显得格外有风度。它们全身的披毛金黄发亮，特别是肩部和背上部的长毛有近 1 米，好似披着一件漂亮的披风，由此得了一个漂亮的名字——金丝猴。

金丝猴青蓝色的脸盘上长着一对有神的眼睛；唇厚、吻短、嘴巴圆，公猴嘴角两侧长有肉瘤，随着年龄的增长，肉瘤也会越大越硬。美中不足的是在它们脸的正中长着一只塌梁的小鼻子，鼻孔朝天仰着，这是猴类中绝无仅有的，所以又有"仰鼻猴"之称。就因为这对仰鼻孔，也给它们带来了麻烦。每到下雨的时候，它们不得不把头低下，实在有点屈尊；不然的话，就得用尾巴把鼻孔盖住，或用手捂着，免得雨水流进去。

与大熊猫争宠

金丝猴是大熊猫的"同乡"，又是"近邻"，它们都分布在四川、甘肃和陕西南部，只是金丝猴的分布地域比大熊猫广。湖北西北部、云南、贵州也有金丝猴。在上述地区，人们常能见到一群金丝猴在树上嬉戏和觅食，而孤独的大熊猫则在树下休息或"进餐"，它们互不伤害，互不干扰。每当人们提起大熊猫，就会想起它的"老乡"金丝猴。大熊猫名扬世界，金丝猴的名字也传播四海。

金丝猴被发现和定名的时间，几乎与大熊猫同时。大熊猫被发现于1869年，金丝猴被发现于1872年。从1936年起，至1982年，已有二三十只大熊猫在国外展出，一次次引起熊猫热；而以前金丝猴在国外没有在一家动物园展出过。直到1978年11月，一对金丝猴到香港展览，轰动一时；1986年，四对金丝猴跨过万里重洋，去美国展览，引起了一场"金丝猴热"。国外有不少动物园为了得到金丝猴，派人前来商谈或来信请求交换。金丝猴成了人们的宠儿。

猴王的职权

金丝猴是群栖性动物，少则三五十只，多则二三百只组成一个大家庭。它们生活在海拔1500～3500米的针阔叶混交林地带，每个群占有一定的领域，每个群里都有一个"猴王"。猴王的地位可不是轻而易举得到的，身体魁伟、身强力壮、经历丰富、灵活机智的公猴之间，进行你死我活的争斗后，由战胜者登上王位。那时你会看到猴王威风凛凛，走起路也要把尾巴翘得高高的，那些做"臣子"的前呼后拥跟在左右，猴王"妻妾"满堂，不时地有母猴给猴王翻毛捉虱子，猴王则静静地享受着。金丝猴的婚姻是"一夫多妻制"，公猴之间经常为争雌猴而发生"格斗"。人工饲养下的金丝猴，被人为地配对。成对的金丝猴感情非常好，形影不离，常常搂抱在一起，彼此互爱的精神让人羡慕，因此它们又被人们称为"恩爱夫妻"。

其实猴王并不轻松，它的职责是率领群猴去觅食，每到一处，便登高四望，了解环境，观察敌情，人们送给它一个别号"望山猴"。没有危险，群猴则分散自由活动；一旦发现了情况，或者听到站岗的"警卫猴"发出警告，猴王会当机立断，发出"咯、咯、咯、咯"的声音，率领群猴迎敌；如果自察不敌对手时，它会马上带领众猴逃之夭夭。

川金丝猴

金丝猴以野果、嫩芽、鲜叶、竹笋为食，有时也吃鸡蛋和虫子。它们的胃壁比较薄，消化能力较弱，不能吃太多含碳水化合物的食物。动物园里就曾经发生过游客违反规定，给金丝猴投了大量花生米，造成它们胃穿孔死亡的事例。

"从容就义"

金丝猴的天敌很多，有豺、狼、金猫、猞猁、云豹、金钱豹以及天上飞的鹰、雕，特别是有几种天敌还会爬树，这对金丝猴的威胁更大，幸亏金丝猴在树顶上蹿跳的速度和能力远远超过了它们，所以很难被抓住。只有在夜深时，母猴和幼猴在树杈上睡熟以后，才有可能被偷袭者抓住。

然而，金丝猴最可怕的敌人还是人类。古代有很多关于人们抓到金丝猴的传说。例如：母猴在猎人的靶心上无可逃避时，会摇手示意，给幼猴喂完最后一次奶,然后"从容就义"等。

罕见的黔金丝猴和滇金丝猴

我国除了上述的正宗金丝猴(川金丝猴)外,还有黔金丝猴和滇金丝猴。

黔金丝猴分布于贵州、四川之间,除了两肩之间有一大块卵圆形白色毛区外,全身披毛都是暗灰色,所以又叫灰金丝猴。它的尾巴比身躯更长,由于分布地区狭窄,数量更稀少。1903年黔金丝猴被定名后,60多年间人们再没听到有关它的消息,人们曾怀疑它是否还存在。直到1963年黔金丝猴才又被人们发现,被证实还存活在世间。

黔金丝猴还存在的消息好像爆炸性新闻,吸引了许多国内外动物学界人士。记者、摄影师等,也纷纷前往当地采访,但他们都是高兴而去,失望而归。

1982年秋,《大自然》杂志编辑唐锡阳在当地向导的带领下,登上梵净山,爬上高不可攀的金顶,经过六天六夜,终于见到了黔金丝猴。那里已于1978年建立了梵净山自然保护区,黔金丝猴的家族也在不断地发展壮大。

滇金丝猴生活在云南、四川西部和西藏东部。它的披毛除了胸、腹、四肢内侧和臀部是白色,其余部分一直长到成年都是黑灰色,所以又叫黑金丝猴。滇金丝猴栖居在海拔3000米以上的高山阴暗的针叶林带,是唯一的以针叶为主食的猴类。

滇金丝猴在野外的数量很少,国外动物园也没有几家饲养。北京动物园在20世纪80年代入住了一只滇金丝猴,在饲养员的精心照料下,这只滇金丝猴居然繁殖出三代杂交后代。

这3种珍贵的金丝猴都是国家一级保护动物。国家除了为它们建立自然保护区,还建立了金丝猴养殖场。在人类的保护下,它们的数量不断增加,有了摆脱灭绝的希望。

人类远亲长臂猿

生物进化是由低级向高级进化。在进化过程中，每种生物为了生存下去，都要不断地进行拼搏，在拼搏中，强者继续向前发展，而弱者会被自然淘汰。动物界中进化成功的要数猩猩、黑猩猩、大猩猩和长臂猿，它们是高级的类人猿，是人类的远亲。长臂猿是小型的猿，身高才 45～64 厘米，体重一般只有 6～13 千克，脑容量虽然只有 100～120 毫升，不如其他 3 种类人猿的脑容量大，但它没有尾巴，也没有颊囊，生理和智力都比猴高级，在生物进化的阶梯上占有很高的地位。它大概就是那批死不肯下树的古猿。

世界上共有 16 种长臂猿，我国的长臂猿主要有黑冠长臂猿、白眉长臂猿和白掌长臂猿。雄性黑冠长臂猿有一身黑色披毛，雌性的则是棕灰色；白眉长臂猿是大个子，体重可达 14 千克，前额有白色横纹；白掌长臂猿个子中等，体重不超过 10 千克，掌中生有白毛。

林中飞将

长臂猿的两臂和身高一样长，如果两臂平伸，可达 1.65～1.82 米。古代人以为它两臂是连通的，所以叫它"通臂猿"。实际上，解剖过长臂猿的人证实了它的两臂分别长在左右肩胛骨上，中间隔着胸腔，如此看来，古代人说它

"通臂"是夸张的说法。

长臂猿生活在我国云南南部和海南岛的广阔热带原始森林中,靠两只长臂在林中荡来荡去。为了适应抓握,它们的手掌比脚掌还长,还有点儿钩状,方便抓握树枝。它们一只手抓住一棵树的树枝一荡,另一只手会抓住几米,甚至十几米远的另一棵树的树枝,疾同飞鸟,快似闪电,在二三十米高的樟树、榕树间飞跃着,一眨眼就不见踪影了。我们用"飞将"来形容它们一点也不过分。

它们的视觉异常敏锐,大脑半球也很发达,这就使它们在树间飞跃时,能准确地抓住前边的树枝。生活在动物园里的长臂猿,在笼舍里的栖架上荡来荡去,好似杂技团里的"飞人",博得游客的赞赏。

它们也能下地行走,可是样子非常笨拙可笑:上身前倾,两臂高举,好像投降的姿势;身子摇摇晃晃,如同喝多了酒的醉汉。其实,它们这是为了保持平衡,以免跌倒。如果它们用长长的指尖点着地面,也能快速奔跑呢。

动物身体每个部分的生长发育,都是为了更好地适应它所处的环境。长臂猿长着两只长臂,适宜在林间生活。它的臀部长着一块和其他猴子一样的厚厚的皮肤垫,叫作臀疣,是它睡觉用的垫子,这是因为它和其他类人猿不同,不在树上搭巢睡觉,而是坐在光光的树枝上度夜。

有计划的采食者

长臂猿采食果实很有计划,它们自觉地遵守纪律,不像其他猴类那样挥霍浪费,而是只采摘熟透的,不太熟的就留下来,等熟了再摘。它们采食的技巧也非常高明:一只手吊挂在树枝上,另一只手松开或用脚从鸟巢中抓出小鸟美餐一顿。传说它们还能在空中抓住飞鸟呢!嫩芽、树叶、花朵、昆虫、鸟卵等都是它们的可口食物。它们还爱吃蚂蚁,有时故意将手放在蚂蚁经过的树干上,等蚂蚁爬上手背后,马上用舌舔干净,多么高明的想法,看来它们比猴类聪明多了。长臂猿喝水也是很有意思的:荡到溪边的灌木丛中,一手悬

东部白眉长臂猿

挂着,另一只手伸进溪水中,然后从手指和手臂的毛缝里吮吸水分。

长臂猿是由许多小家庭合起来组成大群的,群体中等级森严,一只健壮的雄性长臂猿当首领,其他长臂猿都要服从命令,首领来了,大家都要让路,弯腰致敬。亲朋之间互相关心爱护,如果谁被猎人一枪打中,其余的并不四处逃散,而是上前抢救;如果谁被打死了,大家就沉痛默哀。多么富有人情味!光这点就比别的动物高级多了。它们每群都有固定的地盘,甚至能分辨出几米远近的疆界,一旦异族侵入,立刻高声啼叫,发出警戒信号,群起斗争。

长臂猿实行"一夫一妻制"。一胎生一个孩子,父母和婴儿组成"小家庭"。孩子四五岁时成熟,这时候可能有小弟弟妹妹了,父母就会把大孩子赶出家门,让它自谋生路。孩子虽然舍不得离开父母,但也只好到处流浪觅食,遇到合适的对象,就试探着接近,等到情投意合,就开始组成新的家庭。

天才的艺术家

长臂猿性情温驯、容易饲养，特别是从小人工养大的长臂猿和饲养人员感情很深，每次见到饲养员，它们都会马上跑过来，让饲养员抚摸，给饲养员做滑稽动作，博得饲养员的欢心。它们聪明、伶俐，能学会不少有趣的动作。有一家电影制片厂要给一个动物园的长臂猿拍电影，在饲养员的训练下，它们不但配合得很好，表演得很成功，而且和摄影师混得很熟，只要一看见摄影师来，它们就过去和摄影师并坐在一起，看看这儿，摸摸那儿，还把手伸进摄影师的口袋里，看看里面装了什么东西。

长臂猿是高音歌唱家，声音洪亮，叫起来可长达 15 分钟，一只鸣叫，其余的会马上跟着回应，形成大合唱，几千米之外都能听得见。

它们不但是很好的观赏动物，同时由于在生理上和人很接近，人的疾病也能传染给它们，所以又是理想的医学实验动物，是动物学、心理学、人类学和社会科学的重要研究对象。

由于森林的开发破坏了长臂猿的生态环境，再加上狡猾的偷猎者的捕杀，野外的长臂猿越来越少了。国家把长臂猿列为一级保护动物，在南方建立了许多自然保护区，使濒于灭亡的长臂猿绝处逢生。

风靡世界的大熊猫

　　如果我们随便问哪一个小朋友："你最喜欢我们国家什么动物？"他会马上回答："大熊猫！"是的,大熊猫的名字已在国内外深入人心。早在1986年10月,由中国野生动物保护协会等单位联合举办的"我最喜欢的十种动物"评选活动,就收到了来自国内外小朋友寄来的3万张选票,其中得票最多的就是大熊猫,投票率高达98.23%,几乎可以说每个小朋友都是热爱大熊猫的。

可爱的形象

　　在动物园的大熊猫"公寓",来自国内外的游客摩肩接踵地围在栏舍外,前边的人庆幸自己站到了好位置;后边的伸着脖子踮着脚,忘记了疲劳;再后来的只能从人群的空隙往里张望,恨自己来得太晚了。人们被大熊猫滑稽的外貌、憨态可掬的动作,吸引得傻了,呆了,只有笑声随着大熊猫的动态此起彼落。

　　大熊猫好似懂得人们的笑声是对它们的赞美,它们越发扭动腰肢,在众人面前走来走去。胖乎乎的身躯,显得很丰满;圆圆的脑袋上长着一对黑耳朵,如同戴了两朵黑绒花;眼睛不太大,藏在黑眼圈里,好似戴着墨镜的顽童;四肢和肩部的黑毛,如同披着黑坎肩,戴着黑长绒手套,穿着黑丝长筒袜。这身黑白分明的披毛，显得朴素雅致，再配合它那天真、幼稚、傻乎乎的神态，特别逗人喜爱。

闻名的"活化石"

用"活化石"来形容大熊猫的古老真是恰到好处。早在800万年前，大熊猫就出现了。不过，那时大熊猫的个子没有现在大。到300万年前的更新世中期，才出现了大个子的大熊猫。

动物在进化过程中，体内基因总要对环境做出反应，一般在数百万年后，就会产生变化，分化成几个不同的适应种，这是种群生存的本能。遗传学家对人的测定发现人体内至少存在几十种不同基因，这是优生学的依据。唯独大熊猫几百万年前和今天相比，除了身躯大小有别，内部结构几乎没有变化，地球上极少有这种处世不变的种类能存活到今天。与大熊猫同时代的剑齿虎、剑齿象、猛犸、巨貘之类全军覆灭，只有大熊猫幸存下来，成为人们进行科

大熊猫

学研究的珍贵的"活化石"。

也要吃点荤

从生物进化的观点来看,大熊猫在远古时,从食肉动物中分化出来,犬齿和裂齿仍然比较发达,胃肠也像肉食动物那么简单、粗短。因为长期吃竹子,它的臼齿变大了,咀嚼面变宽了。再加上它生活在茂密的竹林里,以竹子为主食,无须迅速去追捕猎物,因而视觉、听觉变得迟钝了;养尊处优,心宽体胖,使它变成了现在这副胖乎乎的显得有些笨拙的体态。

从大熊猫被"发现"的那天起,它的分类地位便一直被争论着。科学家经过对大熊猫、小熊猫及各种熊进行染色体分析和血清免疫分类学性状研究,进一步证明大熊猫和熊是同祖,但很早就分道扬镳了。

古人把大熊猫同虎、熊并列,说明它是从食肉动物中分化出来的。

几百万年来,由于地形、气候、植被等的变化,特别是人类生产的开发,很多地方的大熊猫被自然淘汰了,存活下来的逐渐退却到人烟稀少、没有敌害、海拔 2600～3800 米的寒冷高山地带。现在的四川西部和北部、甘肃南部、陕西南部,有了它们的安身之处。在高大的云杉、紫果冷杉树下,丛生的箭竹嫩枝细叶,又脆又甜,大熊猫不得不以箭竹为食,每天吃上 20 千克左右。这样,人们普遍知道大熊猫是以竹子为食的,好像佛门弟子,吃素是本分了!

其实不然,大熊猫不但吃素,也吃荤呢!竹林里生活着一种小肥猪似的竹鼠,它们专吃地下的竹鞭,破坏竹林,成了大熊猫的冤家对头。大熊猫一听到"嚓嚓"的响声,知道竹鼠又在撕咬竹鞭了,立刻找到竹鼠洞口,使劲拍打地面,或者挖洞"抄家",逼得竹鼠破门而出,落入熊猫巨掌,成为它的美餐。1984年在四川大熊猫野外生态观察站里,曾有人用烤猪骨头诱捕一只叫"贝贝"的大熊猫。"贝贝"有几次到观察站吃羊肉,如果没有肉吃,它就大发脾气,直到饱餐一顿美肉,才得意扬扬地回到竹林去。人们曾经在解剖大熊猫时,还发现过它的胃内有毛冠鹿肉,可见大熊猫是个"花和尚",平日荤素都吃。但是现在的大熊猫养殖基地里，大熊猫的食物可是经过严格的安全和营养检查的，只有符合要求的才能最终提供给它们。因此，圈养大熊猫99%的食物还是竹子。

性情温驯不可欺

大熊猫栖居的地区，也有豺和黑熊。动物园驻四川狩猎站的人曾见到几只豺围攻并捕食掉一头黑熊。估计豺也是熊猫的死对头，然而在几十年的观察中，却从没见到过被豺吃掉的大熊猫。有一次，三只贪婪的豺围攻一只大熊猫，大熊猫临危不惧，仰卧地上，腾出四肢与敌人搏斗。一只豺扑上来，大熊猫迅速将它抓住，压在身下，使劲揉搓；又一只恶豺从后面扑上来，大熊猫灵巧地又一把抓住，摔出五六米远；第三只豺蹿过来，大熊猫一巴掌将它打倒，随后急转身，爬上一棵大冷杉，躺在树顶上睡大觉。刮大风了，大树摇晃得很厉害，它也毫不在乎。

平时大熊猫的脾气很温驯，但这是有限度的，"人不犯我，我不犯人，人若犯我，我必犯人"。四川卧龙大熊猫保护区曾经有一只叫"美美"的大熊猫，它文质彬彬，跟人们友好相处。一天，一位游客拿竹笋逗它，每当美美要吃时，这位游客就把竹笋抽回来，送出去抽回来，这样反复几次，激怒了美美，它扑上去，咬伤了游客的腿和手。

动物园中，饲养人员对大熊猫格外小心，除了少数受驯化的或幼年熊猫，一般都按猛兽对待，谁要是以为大熊猫温柔可欺，谁就有被咬伤的可能。1981年，哈尔滨一位记者去四川省平武县采访"可爱的大熊猫"，他不经管理人员同意，潜入兽舍，后来被咬伤，几乎丧命。像这样的事例举不胜举，但没有一件是大熊猫主动攻击人的，都是被迫还击的。

风靡世界

凡是能风靡世界誉满全球的，无论是植物、动物，还是人，都有独特的、无与伦比的特点。

唐朝武则天时代，我国第一次选送一对大熊猫给日本。20 世纪 70 年代到 80 年代，中国给十几个国家赠送了大熊猫。大熊猫在世界上影响很大，人们对它的喜爱就像大海的浪涛，一浪高过一浪。大熊猫所到之处，都会引起一场"熊猫热"，商标、玩具、吃的、用的都带有它的"肖像"，报纸、电台、电视节目等都把它作为头条新闻，可以说风靡世界、经久不衰，难怪世界自然基金会把它的模样作为会徽悬挂起来。

1972 年 4 月中国将"玲玲"和"兴兴"赠送给美国，在华盛顿动物园进行展览，当时的华盛顿动物园门庭若市，前来观赏大熊猫的人络绎不绝，总统夫人也来观赏，大熊猫震撼了美国。1984 年 7 月 13 日，举世瞩目的第 23 届奥运会在美国洛杉矶举行，为了增添大会的气氛，洛杉矶市政府和第 23 届奥委会在大会前夕，向中国野生动物保护协会借了一对大熊猫"迎新"和"永永"作为大会吉祥之物。洛杉矶动物园为欢迎大熊猫，集各国运动员于动物园内，举行了一场别开生面的盛大野餐会，大熊猫为洛杉矶动物园吸引来了比往年多 100 万人次的游客。美国各地动物园为此眼红，纷纷向中国要求借展大熊猫。因此，第 23 届奥运会结束后，大熊猫"迎新"和"永永"又先后被送到纽约动物园、布什动物园巡回展出。

1972 年 10 月，中国将一对名叫"兰兰"和"康康"的大熊猫赠送给日本，即时轰动了日本，举国上下掀起了"熊猫热"。上野动物园和神户市动物园为了得到大熊猫而争吵不休，最后日本政府一锤定音，将大熊猫放在上野动物园展出，这使上野动物园身价百倍，每日观赏大熊猫的人成千上万，人们排长队等几个小时也在所不惜。

1979 年，大熊猫"兰兰"不幸病逝，3000 万日本人为它哀悼，日本首相为它致哀。上野动物园为此遭到来自各方面的质问和谴责。中国政府为了中日的友谊，又送了一只漂亮的名叫"欢欢"的大熊猫给日本，上野动物园这才如释重负，"兰兰"在世的盛况又出现在眼前。前来观赏大熊猫的人接踵而来，一封封慰问信、一首首赞美诗不断飞向动物园，大批的熊猫照片、带熊猫像的玩具、画册、手帕、背心等被抢购一空。所以，日本的一家报纸说："中国大熊猫征服了日本！"

1973年12月，中国政府赠送给法国一对大熊猫，引起法国总统举杯为"中法两国的友谊"干杯！这对大熊猫成了法国常演不衰的"功勋演员"。

1980年11月，当中国大熊猫在联邦德国机场下飞机时，美国驻西柏林城防司令致欢迎词，西柏林动物园主任献花，摩托警车开道，前呼后拥地将中国大熊猫迎进了西柏林动物园。

大熊猫到英国、墨西哥、西班牙、朝鲜等国所引起的"熊猫热"举不胜举。大熊猫连接着我国同各国人民的友谊，因此，人们称它们为"动物大使""友好的使者""友谊的象征"，我们祝愿它们在那里长寿、传宗接代。

伟大的母爱

大熊猫性情孤僻，喜欢独往独来，在野外，从来没人见到有两只以上的大熊猫长期生活在一起，即使在人工饲养下，它们也是独居一室。每到春天，成熟的大熊猫芳心欲动，它穿竹林，过山冈，鸣叫着、追逐着，寻找异性的气味。两只异性大熊猫相见后，如果一见钟情，它们会很快"热恋""结婚"，然而也许还没有度完"蜜月"，它们就翻脸了，于是分道扬镳、各奔前程。

雌熊猫怀孕后，经过125～140天的妊娠期，便在事先找好的僻静地方分娩。宝贝娃娃落地，叫声挺大，但体重只有100克，全身肉粉色，有一些稀疏的短短的白毛，它两眼紧闭，一根小尾巴可不短，活像一只白老鼠。母不嫌子丑，自己生的自己爱，熊猫妈妈不顾疲劳，不顾分娩后的虚弱，很快将自己的小宝贝叼起，放在一只掌上抱在胸前，小仔本能地找到乳头，吮吸奶汁。分娩后的前三天，熊猫妈妈顾不上吃喝，忙着哺乳自己的孩子。三天后，熊猫妈妈在自己进餐或拉撒的时候，要先把宝贝安排好，不时地还回头看看，生怕宝贝闹。如果发现孩子有动静，它会不顾一切地跑回来照料孩子。

北京动物园曾有一只名叫"圆圆"的雌性大熊猫，它刚生下孩子的第七天，患了急性肠胃炎，上吐下泻，引起脱水，病情十分严重。即使这样，它也未忘记做母亲的责任，它紧紧地把孩子抱在怀里，一丝不苟地照看着。当它呕吐或腹泻后，就赶紧跑回来，把小仔抱起来。有一次，圆圆把小仔放好，起身去吃饭，等它吃完回来，发现小仔不见了，这下它可慌了神。饲养员看到它那惶惶不安的样子，不知出了什么事，后来才发现原来是小仔不见了，忙帮它寻找，最后在草窝里把小仔找到。圆圆一见，马上把小仔抱在怀里，一边给小仔舔毛，一边摇晃着身子，用一只"手"轻轻地拍着小仔，好像孩子受了委屈之后，做妈妈的要尽力安慰，所以有人说，大熊猫的母爱是伟大的母爱。

还有人看到过，一只大熊猫在生命危在旦夕时，把小仔抱给它，它立刻睁眼探身，想抱自己的孩子，在场的人有的被感动得掉下了眼泪。

雌性大熊猫爱子的事例还有很多，如：成都动物园的"美美"、上海动物园的"白梅"、重庆动物园的"南南"、墨西哥动物园的"迎迎"、日本上野动物园的"欢欢"、西班牙马德里动物园的"绍绍"等，它们都有着伟大的母爱，视仔如宝，让人感动。

从 1963 年 10 月北京动物园采用自然交配法成功繁殖大熊猫，1978 年 7 月北京动物园用人工授精的方法使大熊猫成功繁殖，到 1986 年，共 23 年的时间内，在人工饲养下，国内外共繁殖大熊猫 59 胎，成活 33 只，为拯救濒危的大熊猫种群做出了巨大贡献。

拯救大熊猫

大熊猫是古代残存下来的动物，衰老的种群基因特性、食物高度特化、抗敌能力弱、繁殖能力低等，是大熊猫走向灭绝的内在因素；而人为地破坏山林，使大熊猫失去生存之地，再加上天灾病祸、竹子开花等，是大熊猫数量减少的外在原因。1972 年林业部在平武五郎地区调查过一次，当时那里估计有 700 只大熊猫。1975 年底，甘肃白水江竹林遇荒，那里的大熊猫大量被饿死。同年林业部组织 5000 人在青川、宝兴、美姑等 5 个县拉网似的普查,加上陕、甘地区分布的熊猫,估计有 1500 只,1976 年后估计还有 1000 只。2015 年 2 月 28 日,全国第四次调查结果公布,截至 2013 年年底,全国野生大熊猫种群数量达到 1864 只。

为了保护大熊猫的生存,我国采取了很多措施:在产地建立了自然保护区,制定了野生动物保护法,不断向人们宣传保护大熊猫。1983 年 5 月,大熊猫产地的竹子开花、枯死,严重地威胁到大熊猫的生命。这一不幸的消息很快传遍全世界,引起各国人民的关注,一场世界性拯救大熊猫的战役打响了。我国组织了医疗队、救护队、运输队来往于灾区,给大熊猫投食物、引导大熊猫迁移、为生病的大熊猫治疗。当时的美国总统夫人亲自带头组织民众为大熊猫捐款,日本上野动物园设立了捐款箱,法国、瑞士等国家的小朋友也纷纷捐款。

我国在四川卧龙自然保护区内建立了大熊猫研究中心,人们为保护国宝而日夜工作着。

从害兽到一级保护动物

豺狼虎豹是四大凶残的食肉动物,豺和狼属犬科,虎和豹属猫科。平时人们所说的豹子,一般指金钱豹。豹子和虎体态强健,头宽吻宽、耳大眼亮,身着深黄色带黑斑纹的皮毛,皮毛漂亮珍贵。不过虎的黑斑纹是条形的,而豹子的黑斑纹是圆形的,很像过去的铜钱,因而得名"金钱豹"。它们都曾有过伤人害畜的传说,因此,人们把豹子和虎并列在一起。豹子的个头比虎小多了,虎身长(包括尾长)将近 3 米,而豹子最长也不超过 2.5 米;豹子的体重不超过 75 千克,力气比虎更是逊色得多,所以有人赤手空拳就能打死豹子。

连升三级

豹子栖居在茂密的森林里,分布比较广泛,遍布亚洲和非洲大部分地区。我国就有 3 种,即金钱豹、雪豹和云豹。在中国,金钱豹至少有 3 个亚种:分布在吉林长白山、黑龙江小兴安岭等地的叫东北豹,当地人称它为"银钱豹",毛色较淡,野外数量稀少;华北豹分布在河北、山西、陕西等地,属于近危物种;华南豹分布在云南和秦岭等地, 野外数量也在显著减少。豹子数量的减少,影响了野外生态平衡以及国家外贸出口,引起了人们的重视,因此,保护豹子的意识也逐渐提高:20 世纪 70 年代末,它被列入国家三级保护动物,1981 年升级为国家二级保护动物，国际自然保护联盟将东北豹定为一级濒危动物，将华北豹定为二级濒危动物，禁止对豹和豹的一切制成品进行贸易。1983 年我国将豹定为国家一级保护动物。

别看豹子的力气没虎大，但捕食的本领可比虎高得多。虎捕食时，通常先埋伏好，等猎物来了，才"杀"出去，而豹子是主动进攻，再加上它会上树，捕食的路子比虎宽多了。它能上树捕食猿猴和鸟类，这点是豺、狼、虎所望尘莫及的。它伏在树上，能闪电般地袭击树下走过的动物，连比它大得多的鹿，它也能捕猎。吃不完的猎物它会拖到树上藏起来，什么时候饿了什么时候再吃，让不会上树的豺、狼、虎可望而不可即。

高山之王

雪豹产在我国西北、西南的高山雪线上，它身披乳白色毛皮，与皑皑白雪融为一体，便于隐蔽猎食。它的皮毛厚密而柔软，上面有许多不显眼和不规则的斑点、圆纹，显得华丽珍贵，它是公认的最美的猫科动物之一。雪豹的凶

金钱豹

猛、机警、敏捷的程度，比金钱豹有过之而无不及，它所向无敌，号称"高山之王"。

雪豹的弹跳能力很强，养在动物园笼舍内的雪豹，可以跳上三四米高的窗台，可以算得上"跳高健将"了。它能跳起来，借蹬一面墙的力量跳上另一面墙沿处，然后落地，真有点"飞檐走壁"的意思。

雪豹什么都不怕，这给动物园饲养员带来了麻烦。一般动物串笼时，或用食物引诱，或用棍棒轰吓，或用胶皮水管喷水，都能使它进笼箱。然而雪豹软硬不吃，饲养员从前面来，它朝前扑，从后边轰，它又迅速转身扑过来，又扑又咬，四面进攻。无可奈何时，饲养员只好人去笼箱留，在箱内放上它爱吃的羊、牛肉，等它平静时自己进笼箱。

云豹及其他

我国华中、华南以及台湾和海南都有云豹生存，它全身有着大片大片的云状花纹，所以得了这么个名字。

云豹与豹猫、金猫是亲属，实为大型野猫。科学家通过云豹的头骨明显发现，它没有豹的特征，只有猫的特征。因为它身上的花纹和捕食特点，人们才把它称为豹。

云豹很会上树，经常在树上活动，很少下地。在人工饲养下，它变得温驯可爱。大多数雌豹怀孕期3个多月，每胎可产2～4仔。

"百兽之王" ——老虎

提起老虎来,几乎无人不晓。它那带有黑色斑纹的黄色披毛,十分美丽;头圆圆的,一双"发射"冷光的眼睛,虎视眈眈地巡视着周围的环境;一条粗壮如同钢鞭的尾巴甩在身后。它眼观六路、耳听八方、鼻嗅千里,性情凶猛,力气超群,走起路来威风凛凛,怒啸时声震山河。很多动物都害怕它,一看见它就逃之夭夭,逃不脱的则成了它的珍馐美味,就连人类也谈虎色变。"虎口脱险""虎口拔牙""虎将""虎威""老虎屁股摸不得"等词语也不断产生,使人感

老 虎

到虎是百兽之王。真是这样吗？让我们来看看虎的出现与发展吧。

人类给予的美称

据生物学家分析，虎的出生地可能在西伯利亚东岸黑龙江地区，可以说它生不逢时，当它进化成"王"逐渐向南分布，补充凶极一时的剑齿虎的空白时，却迎头碰到正在兴起的猿人，因此，虎的家族发展没能越过中亚草原侵入欧非。在和猿人势均力敌了数万年，人类进入文明时代后，老虎这个兽中之王的厄运也就到来了。

18世纪时，虎还存在着7个亚种，即东北虎、华南虎、孟加拉虎、东南亚虎（也叫印度支那虎）、爪哇虎、新疆虎和黑虎。仅仅不到100年，虎就已灭绝了3种，即爪哇虎、新疆虎和黑虎。动物学家的最新调查结果显示，野外现已很难找到东北虎的踪影了。另有3种也所剩无几，只有东南亚虎因活动区域是国家边界处的偏远森林，还保持着一定数量。

虎是最强的肉食类进化者，处于食物链顶峰，因而任何人为的或自然的破坏，它们都首当其冲。在和人类的争斗中，虎败下阵来，它们的数量急剧下降。20世纪50年代发起的打虎运动，几乎使数量丰富的华南虎断子绝孙。

在野生动物世界里，论力气，虎远不如大象、犀牛、野牛，过去有过野牛顶死老虎的传说。虎的性格虽然凶猛，但行事非常谨慎，捕食猎物也是经过仔细观察，看准了才猛扑上去。可见，人们称虎是"百兽之王"，其实也是对虎的赞美。

我国现存的老虎

我国还有两个亚种虎，即东北虎和华南虎。东北虎分布在吉林、黑龙江两省，生活在长白山、小兴安岭等处。东北虎可以说是虎中老大，耳大身长，全身长度可达 2 米，最重可达 350 千克。它的披毛淡黄而长，斑纹也较疏淡；胸腹部和四肢内侧是雪白的毛，显得干净漂亮；尾巴又粗又肥，上面点缀着黑色环纹，更增加了它的俊伟。

东北虎经常在深草丛中休息，它虽然不会爬树，游泳的本领可不低。虎生性昼伏夜出，独往独来。母虎脾气尤为暴躁。北京动物园曾养过一只名叫"虎林"的母东北虎，它曾将公虎打得遍体鳞伤，饲养员费了九牛二虎之力才把它们分开。

别看它对待"丈夫"这样凶悍，对自己生的虎仔却爱护备至，三只虎仔无论怎么调皮，它从来没有烦过，在虎仔半岁同它分开时，它还闹了两天"情绪"。

东北虎寿命约为 20 岁，三四岁成熟，但在人工饲养下，也有一岁多就发情交配的事例。每年 8 月至来年 4 月是东北虎的繁殖旺季，每胎可生 2～5 仔。

华南虎分布在华中、华南、华东和西南，这些地区是世界虎类分布的中心地带，所以国际上叫它"中国虎"，也有叫它"厦门虎"的。

华南虎比东北虎个头小、体重轻，身披橙黄色带有黑色条纹的皮毛，油光发亮，尾巴也没有东北虎的粗壮。由于南方天气炎热，华南虎白天不爱出来。为了避暑，它一天游泳两次，顺便饮水。别看它的个头没东北虎大，游泳的本领可比东北虎强，能横渡大江大河，甚至能游过窄的海峡，厦门、香港都曾有华南虎出现。但它不能游过较深较宽的海峡，因而台湾和海南岛上就从来没有过华南虎的足迹。

华南虎虽然生活在南方，却仍然怕热而不怕冷。1952年冬天，我国运送一对小华南虎和一对云豹到莫斯科去，途经西伯利亚，车外是零下40摄氏度的严寒，车内温度也经常在零摄氏度以下，经过七天七夜到达目的地后，两只云豹冻死了一只，可是两只小华南虎却安然无恙。

华南虎性情暴躁，动作灵敏。1980年8月，北京动物园从大连动物园接一只雄性华南虎来京"成亲"。笼箱被装上飞机后舱，游客也上机就座，飞机马达一响，华南虎可发了脾气，在笼箱内又扒又咬又吼，把飞机弄得左右摇摆，差点失去了平衡。没办法，人们只好将飞机落地，把笼箱抬下运回大连动物园。一看笼箱，好险呀！铁皮包的木板笼箱快被弄穿了，如不抬回，华南虎就要出笼"示威"了。

救救老虎

虎全身都是宝：虎皮可以制褥子、地毯、椅垫，虎骨、虎血、虎内脏可以制药，特别是虎骨酒还能治疗许多疾病。由于这些，老虎才容易惨遭猎杀。因此，采取措施保护虎种是当务之急。

虎面临灭绝的危险。1986年4月在美国举行的"世界老虎保护战略学术会议"上，虎被列为一级保护动物，尤其是中国的华南虎，被认定为"最优先需要国际保护的濒危动物"。我国也一方面采取保护措施，一方面开始人工饲养虎。

2016年4月10日，野生动物保护组织宣布，自1900年以来，全球野生虎的数量首次出现上涨，达到3890只。但愿这种消息不断传来，以告慰人们焦急的心，让老虎在广袤的大自然中重振"虎威"。

"美人鱼"——儒艮

美丽的传说

你听说过"美人鱼"吗？你看过安徒生童话《海的女儿》吗？童话中的主人公是美丽善良的海的女儿——小人鱼。她的皮肤像玫瑰的花瓣，她的眼睛像蔚蓝色的湖水。只是她也同她的姐姐们一样，没有腿，只有一条漂亮的鱼尾。她和姐姐们一起，自由自在地生活在海中。但是，她渴望成为人类中的一员，渴望获得人类的"不灭的灵魂"，渴望"进入天上的世界"。为了实现她梦寐以求的愿望，她放弃了无忧无虑的生活，忍受着把自己的鱼尾换成一双人腿的巨大痛苦，并且割掉了舌头，失去了美丽的歌喉，成了一个哑巴。当她的希望在人间破灭，面临着死亡的威胁时，她不愿为了重新获得生命、回到姐姐们身边而杀死心爱的人，于是，她勇敢地自己投进海里，化为泡沫。

我国也有许多关于"美人鱼"的传说。西晋张华在《博物志》中说：有一个鲛人从水里出来，住在一户人家屋里很多天，出售一种叫"绡"的薄纱。临别时，为了感谢这家人，她向主人要了一个盘子，对着盘子哭泣，泪珠掉下来变成一盘珍珠，送给了主人。

儒艮

"美人"不美

神话传说中的人鱼是美丽的,传说她们是半人半鱼的女体,经常在月明之夜,半立在水中,怀抱婴儿哺乳。这同水中的大型兽类——儒艮倒有点相似,但儒艮并不像传说中的那样美、那样半立和哺乳。

儒艮身长1.5～3.3米,体重三四百千克,肥粗的身子上长着大大的脑袋,大脑袋上又长着两只小眼睛、一对小耳孔。它们的嘴里有牙齿,雄性的上门齿特别发达,突出口外;白齿像圆筒。它们的皮肤呈灰白色,长有黄色的稀毛;前肢呈鳍形,没有指甲,后肢退化;尾巴左右分叉,形成月牙形。它们十至几十只地生活在20～40米深、阳光充足、海草丰富的热带、亚热带浅海港湾里,以海藻、鱼虾为生。儒艮每胎生一个"孩子",哺乳时,小儒艮与母体斜成一个角度,吻部吸在母兽胸部乳头上吸奶。母兽以水平姿势浮于水中,鳍肢向侧前方伸,就像人在水中游泳的样子,所以被人们称为"人鱼"。

保护"美人鱼"

"美人鱼"是我国一级保护动物,是人们喜爱的珍稀动物。它们分布于亚洲热带海湾和我国南海及台湾岛附近,是完全水栖的大型兽类。它们用肺呼吸,在水中每潜泳30分钟左右就冒出水面呼吸一次空气。

"活雷达"白鳍豚

海洋动物中,体型最大的要数鲸类了,巨头鲸、抹香鲸等都以它们庞大的体躯给人们留下深刻印象。而在我国长江口内的白鳍豚,知道的人却很少。1980 年 1 月 12 日,人们在洞庭湖口城陵矶外江捕捉了一只活白鳍豚,这则消息当时像爆炸性新闻,传遍全国,又传到世界。一时间,白鳍豚的名字誉满全球。

水中的"活雷达"

白鳍豚属于哺乳纲鲸目,在某些人的印象里,鲸是比大象还大二三十倍的动物。可是白鳍豚只有 1.5 ～ 2.5 米长,在鲸类大家族中,它是最小的小弟弟,体重只有 60 ～ 200 多千克。它长得很有特点:吻部狭长,约有 30 厘米,嘴内约有 130 颗牙齿,呈圆锥形,短短的脖子,圆圆的头,头顶偏左边的位置上长着一对长圆形的鼻孔,每隔 10 ～ 30 秒钟换一次气,如因受惊潜入深水,可以憋气 200 秒钟。夜深人静的时候,还能听到它换气发出的"扑哧、扑哧"的声响。

它的身体是纺锤形的,矫健优美,淡灰蓝色的脊背上,有一个低低的三角形的背鳍。白色的腹部前方有两片掌形的胸鳍,这是它掌握平衡和划水的工具,一张扁平的尾鳍左右分叉,因为它腹面纯白,因而得名白鳍豚。

它的长嘴后上方长着一对绿豆大的眼睛，没有耳朵，只在眼睛的后下方有一对针眼大的耳孔。可是，在它的身体里，头部离鼻子不远的地方，有一个圆形隆起，是它独特的发音器。它的耳朵附近有"收音机"，借助超声波寻找食物，认识同伴和逃避敌害。白鳍豚这一套独有的本领，真让它成了水中的"活雷达"。

白鳍豚的皮肤是双层结构，皮上有管状海绵物质，游泳时互相滑动，可以减少水上的摩擦力，吸收水流造成的漩涡，因此它的速度如箭一样飞快，即使是潜水艇也望尘莫及。

长江里的"大熊猫"

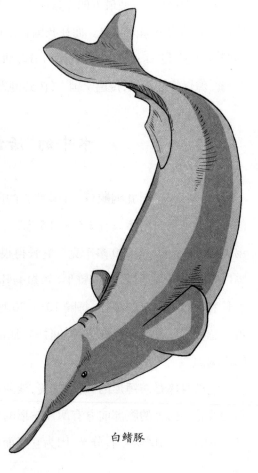

早在 2000 年前，我国的劳动人民就曾经细心地观察过白鳍豚。西汉初年编辑的一部词典《尔雅》中，就对它作过叙述："鱀，䱜属也，体似鳣，尾如鲗鱼。大腹，喙小，锐而长。齿罗生，上下相衔。鼻在额中，能作声，少肉多膏。胎生，健啖细鱼，大者长丈余，江中多有之。"这里所说的"䱜"，就是现在的海豚类，"鳣"就是鲟，"鲗鱼"就是江豚。这里对白鳍豚的形态、分类、生态环境都有所描述，特别是它"能作声"，可以说抓住了要害。

除了这段描述外，古代的《江豚诗》把白鳍豚写得栩栩如生，还把它同江豚作了明确区分。在明、

白鳍豚

清时期,记载它的文字更多,甚至在古典文学作品中,白鳍豚也是美丽善良的象征。可见,人们对白鳍豚观察得很细,也很喜欢这种动物,对它很有研究。

白鳍豚是淡水鲸类的一种,数量稀少,比大熊猫还古老,堪称"活化石",所以又有"长江里的大熊猫"之称。

聪明的大脑

平时人们都认为动物中最聪明的是大猩猩、黑猩猩,除此之外再没别的动物了。其实不然,白鳍豚的大脑就很发达。一只 95 千克重的雄白鳍豚,大脑有 470 克重,与大猩猩、黑猩猩的大脑差不多重,而且白鳍豚的大脑表面沟回更复杂,这就扩大了它的大脑面积。科学家经过试验,认为它比黑猩猩、长臂猿还要聪明。

我国于 1978 年就开始了白鳍豚保护的系统研究。1980 年 1 月 12 日,人们在洞庭湖口捕到一只活白鳍豚,取名为"淇淇",1986 年 3 月 31 日人们又捕到一只,取名"珍珍",它们被养在武汉东湖畔的中国科学院水生生物研究所里,吸引着国外学者、科学家前来观察、研究,对它们进行科学训练。

水生生物研究所建立了饲养场,科学家不仅对白鳍豚进行了形态学、生态学、生理学等基本学科研究,而且对它们进行了仿生学、动物声学、血液学、行为学等方面的研究,希望它对军事科学方面有一些启发。不幸的是,"珍珍"只陪伴"淇淇"度过了一段短暂的快乐时光。两年后,"珍珍"不幸感染肺炎去世。"淇淇"成为我国唯一一头人工饲养并成活的白鳍豚。2002 年 7 月 14 日,"淇淇"以 25 岁的高寿自然辞世。它为科学家全面了解淡水豚类做出了巨大贡献,填补了白鳍豚研究的空白。

保护"国宝"

白鳍豚生活在长江中下游,从湖北宜昌到江苏太仓浏河口的 1600 多千米的江段中,它们的数量极少,且繁殖率低,生长较慢。同时人们在江上的生产活动,如利用滚钩捕鱼、水下爆破治理航道等,也给白鳍豚带来了危害。在1997年的一次大规模科考中,科学家在长江仅发现13头白鳍豚。2006年,来自7个国家的科学家对长江进行史上最大规模的野外白鳍豚科考行动,结果没有发现一头白鳍豚。2007年,中外科学家宣布白鳍豚功能性灭绝。近年来,时不时有渔民发现白鳍豚身影的消息传出,对此,中科院白鳍豚专家表示,白鳍豚目前是功能性灭绝,并非彻底灭绝,所以长江里不排除有个体存活的白鳍豚。因此,人们更应加强对白鳍豚的保护工作,不仅要普及科学知识、宣传保护白鳍豚的重要性,使男女老少人人皆知,同时要制订出可行的有力措施,保护白鳍豚繁殖成活,严厉打击违法分子。只有这样,才能给白鳍豚营造安定的生活环境,使它们繁衍昌盛。

巨大的陆生动物亚洲象

当今世界上存在着两种大象，即亚洲象和非洲象。亚洲象分布在南亚、东南亚和中国云南地区。除了在恐龙时代陆地上有巨大的恐龙动物外，在当今时代，动物界陆生最大的动物也就属大象了。它们在更新世曾繁盛一时，地球上出现了上百种象，几乎仅次于恐龙，成了大陆的"主人"，猿人也惧怕它们三分。然而，象又好似昙花一现，突然大批失踪。有的认为是冰川所致；有的认为是它们进化到了死胡同，无力对付环境变化。总之各地留下了大批象类化石。

两种象的区分

亚洲象和非洲象分别来自不同的祖先，因而长相有许多不同之处。到动物园观赏过象的人，会马上发现亚洲象的个头没有非洲象大，耳朵也比非洲象小得多，前额扁平，上面有左右两个隆起的"智慧瘤"。亚洲象的四只大"脚"，是前五趾，后四趾，而非洲象是前四趾，后三趾。更突出的区别是亚洲公象的上颌有两个门齿外露，母象则是"唇不露齿"。而非洲象不论公母都有外露的门齿。假如留心观察还会发现，亚洲象在用长鼻取食时，鼻端有一个指状突起，靠这个，它可以拾起绣花针，拔起钉子，解开绳结。非洲象的鼻端则有两个指状突起。

两种象的生活习性大致相同，但论脾气，亚洲象要比非洲象温驯得多，它们"服从命令、听从指挥"。非洲象则调皮捣蛋，难以驯顺。

"女司令"

亚洲象在野外过着群居的流浪生活，茂密的丛林和水源充足的地方是它们的必经之地。一只成熟的大象，一天要吃上 200 多千克的芭蕉、树叶、鲜草等，还要喝 60 多千克的水。这么大的食量，小型的动物园很难养得起它们。

它们以 24 千米/小时的速度迁徙，清晨和傍晚"进餐"，午间还要来个午睡，热了就到河里游游泳。别看象体大笨重，可挺喜欢游泳，一口气可以游上五六个小时，有人计算过，它们游泳的时速为 1.6 千米/小时。大象过着多么悠闲自在的生活！

它们少则十只八只，多则一二十只，甚至上百只，组成一个"大家庭"。这个群体由一只有威望的母象带领，它好似"女司令"，选择行动路线、安排进食地点和休息时间，其他成员全听它指挥。象群下设保卫"部长"，负责安全保卫，这项任务往往由一只公象担任。象能发出一种频率很低的声音，

亚洲象　　　　　　　　　　　非洲象

44

人耳听不到,却是它们互相联系的秘密语言。担当保卫"部长"的公象尽职尽责,群象休息时,它要在象群外围休息守卫,一旦发现情况,它会立即报警、挺身护卫,以保护"家庭成员"的安全。

"贤妻良母"

关于亚洲象的成熟年龄,人们说法不一,有说十二三岁的,有说十五六岁的,有说二十来岁的。北京动物园饲养的几只母象,在十三四岁时就有求偶的表现。

尽管亚洲象很温驯,但成年的公象也相当厉害。20 世纪 50 年代,斯里兰卡赠送给我国一只名叫"米杜拉"的小象,它被饲养在北京动物园。小象没成年时,可听饲养员的话啦!早晨跟饲养员跑步,帮饲养员运东西,饲养员叫它干什么它都服从。后来它长成"大人"了,再也不听饲养员的指挥,动不动就发脾气,有发情表现后,它甚至出现过伤害饲养员的举动。动物园从此对它进行了隔离饲养。

公象在发情求偶时,性情暴躁,难以驾驭,母象在它面前很温驯,它让母象怎么办,母象就怎么办,不然,它就用长牙扎母象。母象从不向公象发脾气,可以算得上"贤妻"了。

母象怀孕的时间可长啦!"胎儿"要在母亲腹内待上 18 到 22 个月,将近两年的时间,才能出生。母象怀孕不容易,"生儿育女"更累心。小象呱呱坠地,有的被胎膜包着,像一个肉球,母象马上用前脚将肉球踢开,小象才算第一次见到天日。小象挣扎着站起、摔下,再站起,再摔下,母象顾不得疲劳,上前用长鼻扶起自己的"宝贝",揽在怀里,使它吃上奶。

母象对自己的"孩子"十分爱护,关怀备至。冬天冷了,它用鼻子卷草盖在"孩子"身上;夏天有蚊虫叮咬,它也会卷草为"孩子"扇打驱赶;"孩子"远离身边时,它会焦急地大叫把小象喊回;小象贪玩不愿睡觉,它会用长鼻子将小象按倒,强迫它睡觉。看看母象对待"丈夫"和"孩子"的一举一动,用"贤妻良母"来形容它一点也不过分。

惊人的记忆力

亚洲象聪明、温驯、记忆力很强，非常招人喜欢。凡是接触过大象的人，都会有此感受。一个人爱护它，它会永远记住，无论离开它多少年，等你再回来看它时，它会一眼就认出你。以前，有一位饲养员跟他饲养的象相处得非常好，后来这位饲养员外出了10年，回来后就去看他的象，他刚一露面，象就认出了他，走过来用鼻子抚摸他，显得很亲热，饲养员很受感动。

听说还有这么一位养过象的人，平时对象很不好，经常打象，象特别恨他，总想找机会报复他。有一次，机会来了，这位养象的人要调动工作，为了办理调动之事，他一连几天都未见象，最后准备调走时，他想给象照张相，留作纪念。于是，他穿戴整齐，拿着照相机对准他养的那只象，刚要拍照，这只象猛然将长鼻内的污物向他喷了过来，把他满脸满身都弄脏了，他只好背着照相机狼狈逃跑了。

据说，如果小象看到象妈妈被杀，它将记得很牢，日后一旦碰上杀它妈妈的仇人，它会不顾一切追上去，用鼻子将仇人举到空中，然后狠狠摔在地上，再用脚踩成肉泥。可见象的记忆力多么惊人。

人们的"好帮手"

人们掌握了亚洲象的脾气秉性，驯化它们为人类服务，使它们成了人们的"好帮手"。这种情况不是在今天才有的，在古时候，就有人驯象用来帮忙的事例。

人们用象种过地、拉过车，还打过仗。象打仗可勇敢了，有股冲锋陷阵不怕牺牲的精神。被驯化用来打仗的象，排好队，听见冲锋令一下，排山倒海般直向敌阵冲去，使敌人望风逃窜。在产象的印度、缅甸、柬埔寨等国家，还有人把象驯化后当保姆、警察、搬运工。

我国有不少朝代，把象驯化成"仪仗队"跟班上朝。唐玄宗李隆基在位时，就有大象为他跳舞献酒的传说。

人们利用亚洲象的特点，训练象吹口琴、跳舞等，使象成为出色的"演员"。北京动物园曾有亚洲象经过训练后，每天都为游客登台演出。它们不但会吹口琴、摇铃、推车，还会踢球、粘胡子、钓鱼呢，这些精彩表演博得观众的喝彩。由此，它们也为动物园增加了可观的收入。

请保护亚洲象

亚洲象为人类做了不少贡献，理应受到人们的爱护。但人类忘恩负义，为了猎取象牙，残忍地杀害成年象。

象的全身有不少的宝，特别是洁白柔滑的象牙，质地坚韧，是一种很好的工艺原料。早在 1 万多年前，人们就曾用象牙做铲子，做支撑帐篷的柱子。5700 多年前，山东泰安大汶口人用象牙做成很大的牙筒，3000 多年前的商纣王用象牙做筷子、杯子，现在的象牙工艺品就更多了。象皮还可以制鼓，或是做成皮具。但是，人们可不能因为这些而去捕杀野象。它们在野外的数量越来越少，现在世界上仅存四五万头野生亚洲象。

1958 年，云南象明公社的傣族社员，为了解决吃粮难的问题，在黑象山北麓野象坝的地方开山造田，砍树放炮，把大象给吓跑了，那里的人 20 多年来，再没有见到象群。党的十一届三中全会后，当地人的日子好了，又把开垦的田地用来植树造林，归还了野象的栖息地，不久，象群又重返家园。

1971 年，上海动物园用新制的麻醉枪到云南西双版纳试行捕象，代价十分巨大，象群被追了半年，打乱了生活秩序，特别是大公象的死亡使群象解体。直到 1975 年，那里才又出现了新的象群。

我国已把亚洲象定为国家一级保护动物，它也是世界二级濒危动物，望人们爱护它，保护它。

愿野马在祖国大地繁衍昌盛

流亡海外

人类在和动物的共存中，逐渐征服了一些野生动物，如野牛、野马、野羊、野鸡等，并把它们驯化成为人类服务的家畜，延续至今。在这些家畜中，马对人类的贡献尤其大：生产、运输、打仗，甚至出行都离不开它。人们了解它，它是人类的"亲密朋友"和"忠实的奴仆"。

可是，大自然就像一个绚丽多彩的大舞台，每个物种就像登台表演的"过客"，出现了，消失了，也有少数的物种经过磨难后残存下来。过去，世界上曾生活着 350 多种野马。几经大自然翻天覆地的变化以及人类的生产开发和捕杀，野马种一个个灭绝了，到后来仅剩下一种存活到今天，也就是生活在甘肃西北、新疆乌鲁木齐东北到哈密以北的野马。因为它曾生活在我国与蒙古国交界的地区，所以又被人称为蒙古野马。1878 年，俄国军官普热瓦尔斯基曾经在新疆准噶尔盆地猎到过一匹野马，后来动物学家波利亚科夫为了纪念普氏的"功绩"，把这种野马定名为"普氏野马"，直到现在，它的学名还是用的这个名称。

野马就像珍宝，越稀少越珍贵，也就越发引起冒险家们狂热的捕猎欲望。

1899 年到 1901 年,许多外国的冒险家从我国新疆捕猎了 50 多匹野马,从此,野马也和麋鹿一样,流亡海外。到 20 世纪 80 年代,全世界 80 多个动物园里饲养着的 400 多匹野马,都是这批野马的第七至十代曾孙。

可是,在野马的"故乡",野马的数量越来越少。20 世纪 40 年代,曾有人在野外捕捉过一匹雌性野马,此后,人们不但没有捕到过野马,就连野马的身影也再未见到。人们只知道野马响亮的名字,却对它的形态长相越来越模糊。

凶猛的野性

野马同家马有着明显区别。人们对家马比较熟悉,闭眼也能说出它的特征来。它的头和四肢比较秀气,耳朵比较小,正如唐代大诗人杜甫所描写的"胡马大宛名,锋棱瘦骨成。竹批双耳峻,风入四蹄轻……";而野马头大脖子粗,四肢粗壮有力,耳朵也稍长一些,嘴巴是白色。家马的额毛和颈毛很长,马主人常把家马的额毛剪齐,像梳"刘海"似的,把颈毛梳成小辫倒向一侧;而野马根本就没有额毛,颈毛很短,不到 10 厘米,直直地立着,标志着它的野性与威严。家马的尾巴都是长毛,大有"风吹马尾千条线"的风度,而野马尾巴根儿的毛只有 10 ~ 15 厘米长,稍远才是长毛。另外,生物学家发现家马的染色体是 64 个,而野马的是 66 个。

野马的性情比家马凶猛得多,它敏感机警,爱发脾气,还能耐饥渴。我国曾于 1980 年从美国引进一对野马,养在北京动物园里。一开始,饲养员对它俩没有任何防备之心,无论为它们打扫卫生或添草加料,都亲自送到它们的栏舍内,它们对此也很满意,尽情吃喝。有一次,饲养员打破了先给它们送"饭"的规律,而是先给它们的邻居野驴送"饭"。野马站在门口,用蹄子踢门,好像在质问饲养员为什么没有先给它们送。饲养员哪里猜得到它们的"心思"?他喂完野驴,马上给它们送"饭",刚要推门进去,公野马可发了脾气,扬起蹄子照饲养员踢来,幸亏饲养员躲得快才未被伤着,从此,饲养员再也不敢直接接触它们了。平时还有人常见到它们同隔栏的野驴寻衅打架,那种凶劲令人吃惊。

指驴为马

1980 年被引进回国的这对野马是继麋鹿归来之后的又一对"游子"。它们的归来，使人们见到了野马的"庐山真面目"，不但认清了它们同家马的区别，还发现它们和"邻居"野驴的区别更加明显。野马头部的比例比较大，鬃毛比较长，四肢比较粗壮，腰背中央有一条黑褐色的脊中线；野驴相对细瘦些，脊中线呈棕褐色。野马的耳朵比野驴的小点。野马尾巴上的毛比野驴的多而蓬松，颜色也更深；野驴的尾巴上半截细且没有毛，下半截才长些，中间颜色深，内侧和两边颜色浅。另外，野马前后肢都有胼胝体，而野驴只有前肢才有。野马的蹄子比较宽大，而野驴的蹄子窄而高。

人们在野外看动物群，由于相隔太远，有些特征看不清楚，常发生"指驴为马"的现象。古时候也有这样的情况，所以在青海、甘肃一带，有些叫野马滩、野马渡、野马山地名的，而实际上在那儿生活的是野驴。其实，在野外只要注意区分它们的尾巴就行了。野马扬起的是蓬松多毛的大尾巴，而野驴只有一条上半截光秃的尾巴。弄清了野马同家马的区别、野马同野驴的区别，科学工作者去野外寻找野马就不会张冠李戴、指驴为马了。

北京动物园里除了上述一对野马外，1982 年又从苏联回归一对，这两对野马都已"生儿育女"。1985 年 8 月从美国归来的 11 匹野马，暂住在野马的"家乡"——新疆乌鲁木齐动物园内，准备向野生过渡。1986 年 10 月，德国野马专家奥斯瓦尔多对这些野马进行了考察，他非常满意，又向我国赠送了一批。但愿这些回归的"游子"在祖国大地上繁衍昌盛。

吃苦耐劳野骆驼

我国著名动物学家谭邦杰先生把野骆驼称为沙漠中的"苦行僧",凡是动物行家都会知道这名称不是对野骆驼的夸张描述,而是对野骆驼生活习性的高度的、有趣的比喻,这比喻是恰如其分的。

从新疆的塔里木盆地,到青海的柴达木盆地,再到内蒙古和甘肃部分地区的茫茫大荒漠地带,气候干燥,常有不测风云。一会儿狂风大作,飞沙走石;一会儿又骄阳高照,沙漠如同烤锅,炙热难忍。野骆驼就在这样的环境里,过着饥寒劳碌的生活,其外貌也因此远不及营养丰富的家骆驼,显得丑陋得多。

野骆驼

它长着瘦高个儿，细长的腿，长脖子上有点鬣毛，但并不美，身着淡棕黄色的短皮衣，稀稀疏疏，同家骆驼那身厚实多彩的漂亮披毛形成了明显的对比。它背上那两个圆锥形的驼峰是那么瘦小硬挺，上面只有几根既短又稀的毛，远不如家骆驼的两个丰满漂亮的驼峰。它头小嘴尖，耳朵小，尾巴也短小，就连脚掌、蹄盘也是小巧的。总之，野骆驼处处都比不上家骆驼漂亮。

惊人的硬功夫

俗话说："人不可貌相，海水不可斗量。"野骆驼虽然长得比家骆驼丑，可它长期生活在气候恶劣、环境艰苦的地方，"修炼"出一身"硬功夫"。它最能吃苦耐劳，最能忍饥挨饿，最富有抵抗力。曾经有两位美国科学家，在非洲撒哈拉大沙漠贝尼阿巴斯绿洲里做过实验。他们先称了几只骆驼的体重，为它们量体温，分析血液，然后把它们拴在气温高达 50 摄氏度的烈日下暴晒，不给水喝。这样过了 8 天，骆驼失重 100 千克，相当于其体重的 22%。它们变得骨瘦如柴，肌肉萎缩，腹部凹陷，肋条裸露，可是仍然挺立在烈日之下。科学家心痛了，不忍心再试验下去，提来水给它们喝，没过几天，骆驼的身体就恢复了。

后来，以色列希伯来大学塔尔克教授又做了个实验。他把骆驼血浆中的蛋白质注射到兔子体内，然后将兔子放在 40 摄氏度的模拟沙漠环境里，7 天不给水喝，结果，这些兔子失去了 30% 的水分，仍然活着。而通常，兔子失去 10% 的水分就会丧命。这说明，骆驼血浆中的蛋白质可以维持血浆中的水分，以保证血液循环正常进行。

耐渴的秘密

生命是离不开水的。在干燥的沙漠地带，野骆驼善于找水、储水和节约用水。它的嗅觉非常灵敏，能嗅出方圆 1500 米以外的水源，能一口气"开怀痛饮"57千克的水，能将水有效储藏起来。以前有人认为骆驼的瘤胃附近有二三十个水脬，可以用来存放大量水分。后来科学工作者对野骆驼进行实体解剖后发现，骆驼没有这种水脬，它是将水储藏在体内各种器官里，甚至每个血红细胞里。驼峰的脂肪里，每千克脂肪氧化的时候，就可以产生1千克的水。平时，为了尽量不让水分散失，它的鼻腔黏膜能使呼出的空气变干燥。在酷暑下，野骆驼的皮毛温度达到70～80摄氏度，而皮下的温度只有40摄氏度，这是骆驼可以有效减少水分蒸发的绝妙之处。

野骆驼还能在久旱不雨的时候，吃干草和骆驼刺、梭梭草、盐节木等沙生植物，充分吸收其中的微量水分，并将水分很好地储存起来。

野骆驼不但有储存水的本领，而且能预知大风暴的来临，遇到细雨绵绵或者雪花飞舞的天气，它会高兴地尽情享受。

唯一展出的野骆驼

截至2004年，我国在野外的野骆驼数量只有五六百只。以前，也有几只野骆驼被"请进"动物园，但是，它们在野外过惯了贫苦生活，胃肠只能消化那些"粗茶淡饭"，动物园丰盛的"饭菜"、悠闲自在的生活，它们无福消受，不久即生病死亡。

20世纪，北京动物园曾经存活下来一只野骆驼，它在科技工作者和饲养人员的观察研究和精心护养下，安然生活多年。

全世界只有这么一只野骆驼在人工饲养的情况下存活着，这就引起了国内外动物界行家们的重视，有的来信"问候"，有的亲自来参观、拍照。1983年5月，一位欧洲朋友不远万里来到这里，他左看右看，前看后看，把野骆驼看了个够，真比"相姑爷"还仔细。不仅如此，他还随看随拍，足足花了两个半天的工夫，为野骆驼拍摄了两卷彩色照片。

高山珍兽白唇鹿

自古以来，人们对鹿是熟悉的，特别是在儿童的印象中，鹿是善良、温驯的象征。不少作家根据鹿的形态特点、生活习性，编写了许多有关鹿的故事，深受儿童们的欢迎和喜爱。

我国是盛产鹿的国家。有几种鹿是我国特有的品种，像麋鹿、白唇鹿等，这在别的国家是没有的。

漂亮的仪表

白唇鹿的"仪表"有它的独特之处，它像不会化妆的少女涂上了"口红"，但它的口红可不是红的，而是白的，从鼻吻两侧到下唇，直到喉的上部全是白色。不过，这不但没有影响它的容貌，反而使它更加漂亮，别具一格，并因此出名。白唇鹿是我国一级保护的珍贵动物。

它除了"白唇"外，身上是灰褐色的皮毛，腹部毛色却是淡黄色，还有浅栗色的小斑点，如同穿了件素雅的"花衣服"。宽宽的肩中间长着较长的脖子，又长又尖的耳朵耸立着，显得机警灵敏。一对圆圆的大眼睛挺有神，鼻子虽然宽厚，但是和它的长脸形相辅相成。它的个子有点高，但还算不上大高个儿。

白唇鹿成群地活动，少则两三只，多则150只左右，自由自在地生活在青

白唇鹿

藏高原、甘肃、四川的海拔 3000～5000 米的山地上。它们身穿一件又粗又硬、又高又密的"大皮衣"，肩上和颈部还有长毛护着，再加上宽大的蹄子，走在山高路陡的山地上如踏平路那样安稳。即使在夏天避暑，登上海拔 5000 米以上的高山，它们也安然无恙。它们的性格很顽强，能忍饥耐寒，冬天就寻觅干草吃，到了夏天才吃鲜嫩的草、树叶、灌木的嫩枝叶，彼此和睦相处。

有趣的生活

每年秋季，到了白唇鹿该谈"恋爱"的时候，鹿群异常活跃，公鹿之间经常进行"角斗"，这是它们之间的争偶斗争。每只成年的公鹿头上长着扁平的角，角上有四五个发达的排列较远的角杈。公鹿角斗时，场面惊心动魄，如同奴隶社会角斗场上的角斗士，那么激烈，那么残忍，一个个角杈如同一把一把的匕首，格杀在一起，难分难解。每当这种场面出现时，母鹿好像司空见惯，并不惊慌，它们安静地吃着草，偶尔抬头看看角斗士们，谁最终取得胜利就跟谁在一起。

最后总是身强力壮的公鹿将对手打败，胜利者昂着头，喘着粗气，鸣叫着，好像在向母鹿们说："我胜了，你们都是我的啦！"就这样，公鹿"妻妾满堂"了。但是它并不省心，还得集中精力看守它的"妻妾"，生怕它们跟别的公鹿"私奔"；它宁愿不吃不喝，也要注意周围是否有别的公鹿侵入它的家室，一旦发现，它会不顾一切地追上去进行角斗，直到胜利。战败的公鹿丢盔卸甲，遍体鳞伤，卧地不起，或落荒而逃，或一命呜呼。

母鹿怀孕 8 个月左右，每胎产 1 ～ 2 只小仔，母鹿对它的小仔总是倍加爱护。

白唇鹿有时会和马鹿生活在一起，人们曾发现它们自然杂交，还留下了"混血儿"。

白唇鹿是我国特有的鹿种。近年来，由于畜牧业的扩大，间接导致草场退化，从而严重影响了它们的活动以及食物基地，白唇鹿的分布区和种群在急剧减少。我国在青海、甘肃、四川等地开设了好几处养鹿场，其中青海玉树藏族自治州治多县养鹿场从 1958 年至 1979 年共捕获幼白唇鹿 710 只，驯养成活了 363 只。另外，集体和个人是分散饲养的，实行放牧饲养的也很多。这样既可以保护白唇鹿的种群，又可以增加经济收入。

时来运转的海南坡鹿

三冬无雪、四季如春的海南岛上，生活着一种坡鹿。因为它在海南岛土生土长，当地的人们给它起了个土名叫海南坡鹿。

多种美名

海南坡鹿是坡鹿的一个亚种，生活在海南岛中部、南部和西部的海拔200米以下的灌木丛中，或多草的沼泽地带。另外的几个亚种则产在缅甸、老挝、柬埔寨和印度。

海南坡鹿的个子和梅花鹿差不多，身长1.6米左右，肩高1.1米左右，雌鹿体重75千克左右，雄鹿体重可达130千克。它全身皮毛的颜色由深到浅，上体赤褐色，体侧和腿部土黄色，胸腹白色，背脊有一条黑褐色带，背侧有白色斑点，光这么一身"打扮"，都能使人感到它是一种很漂亮的鹿。

坡鹿细长的四肢上长着四只"大脚板"，走在沼泽中如同"闲庭信步"，由此，它又得了一个美名叫"泽鹿"。

最有意思的是它头上顶着一对弯曲的角，角上长着向前延伸的大而弯的眉杈，主角和眉杈相连，好像一个朝天的大括弧。主角上又分出几个小杈，在末端像小手掌似的。因为它的眉杈特别发达，引人注目，所以在国外有人管它叫眉杈鹿。

保护坡鹿

海南坡鹿曾一度被人们"抄家灭祖",家族差点灭绝。

中华人民共和国成立前,海南坡鹿在海南岛上分布比较广,9～10个县的山地上,都曾有它们的踪迹,到20世纪50年代还有300多只。后来人们开荒种田,侵占了它们的"家园",使它们无家可归,还任意捕杀它们。到1979年,只有东方县(今东方市)的大田和白沙县的邦溪这两个地方,幸存下来30多只海南坡鹿,多么可怜的数字。

为了拯救一个物种免于灭绝,我国政府进行了大量宣传,严格禁猎海南坡鹿,同时我国政府拨出专款建立自然保护区,在保护区内开辟水源。根据坡鹿喜欢舔食盐碱土的习惯,政府又为它们建立了盐地,总之,人们为坡鹿重建"家园",让它们有了良好的生存环境,它们才得以"安居乐业",每年都添丁加口,种群也开始发展起来。到1983年5月,生活在东方县的坡鹿已增加到80只。1986年11月,那里的坡鹿又增加到140只以上。它们好似懂得人们对它们的爱护,愿意和人接近,经常走到村旁休息,看见汽车、牛车等也不害怕,更不逃避。

国际自然保护联盟已经将坡鹿,包括海南坡鹿,列为一级濒危动物,希望它们能得到最严格的保护,转危为安,重新繁衍起来。

坎坷"游子"麋鹿

1985年11月24日，人们早已在首都机场等候，迎接侨居海外半个世纪的"游子"归来。飞机降落，舱门打开了，22个"游子"在工作人员的"服侍"下，下了飞机。人们拥上去，看到了这些回归祖国的"游子"——麋鹿。它们身披红棕色间有灰色的漂亮皮毛，体侧浅灰色，腹部黄白色。它们年轻、精神，一对炯炯有神的眸子张望着欢迎它们的人群，激动得连眼角下的眼窝都张开了。机场不是"攀谈"的地方，人们"前呼后拥"地将它们送上汽车，直奔为它们准备好的南海子"麋鹿苑"。

雅号"四不像"

麋鹿曾离开祖国半个世纪，人们只对它的俗名记得很牢，但对它的容貌却只能从书本上找到。纸上谈兵总不如实地观察，这次人们总算看清楚了，麋鹿虽属鹿科动物，但它有很多地方长得很奇特：长脸形，初看上去有点像马，仔细看又不像；头上的角不像其他鹿有眉杈；颈也比较长，好像骆驼颈，但又没那么长；后臀根上长着一条尾巴，像驴尾巴，长达60～75厘米，是世界上尾巴最长的鹿，可是又没有驴尾长；宽大的蹄子像牛，能在沼泽地行走，但又没牛蹄子大。根据这些特点，人们给它总结了几句话：头似马非马，角似鹿非鹿,颈似骆驼非骆驼,蹄子似牛非牛,因此,麋鹿得了一个"四不像"的雅号,并以此而闻名于世界。也有的地方管驼鹿、驯鹿、黑鹿和鬣羚等叫"四不像",其实这些都是当地人看到一些稀奇古怪的动物而随口叫出的名字。这些冒牌的假"四不像",代替不了有特殊位置的真"四不像",麋鹿"四不像"是众所周知、已被世界动物学界承认了的。它的形态特点是区分其他假"四不像"的依据。

麋鹿长到成年时,体长达到 2 米多,肩高 1 米多,体重 200 多千克。

麋鹿的兴衰

麋鹿是我国的特产动物之一,几万年前,曾广泛分布在黄河、长江中下游一带。那时候,日本和中国大陆相连,所以日本也曾有过它们的足迹。这个种群自然发展,不断壮大,到了 3000 多年前的商周时代,麋鹿"家族"一度发

麋 鹿

展到鼎盛时期，它们成群结队地漫游在沼泽地带，显示出兴旺的气象。从河南安阳殷墟中发掘出的麋鹿化石就有 1000 多具，足以证明麋鹿曾经的繁盛。

但是，好景不长。天灾病祸，天敌的袭击，人类的伤害，让可怜的麋鹿无能为力，任其宰割。人类的生产开发破坏了它们的生存环境，使它们没有了立足之地；加上皇室和猎人的滥捕滥杀，这个"家族"再也招架不住了，麋鹿的数量一天天减少，一个大"家族"衰败了。到了清朝康熙、乾隆年间就只有皇室的御鹿场南海子猎苑驯养了一批麋鹿，供皇帝和大臣们射猎。到 19 世纪末叶，可怜的麋鹿仅剩下 120 只。

生活在皇家猎苑里的这些麋鹿，就像被关押在这里的囚徒，连遭不幸。除了被射杀外，1890 年永定河决口，洪水冲破围墙，麋鹿四处逃命，结果被灾民吃掉不少。1900 年，八国联军侵入北京，猎苑兽群几乎被杀光，剩下的一对麋鹿不久也死亡了。家破人亡，中国特产动物麋鹿在国内完全灭绝了。

"侨居"海外

1866 年 1 月，一位业余动物收集者、法国传教士大卫神父听说南海子皇家猎苑里养着动物，便跑到南苑，站在猎苑墙外向里窥视，发现了与众不同的麋鹿群。于是，他用 20 两纹银买通了门卫士兵，弄到了两张完整的麋鹿毛皮标本，并寄回法国巴黎自然博物馆。生物学家爱德华将它定为"大卫神父鹿"，并发表了文章，使欧洲人士大为惊异，立刻联系当时在北京的外交人员和传教士，他们明偷暗抢，弄走不少麋鹿，在巴黎、伦敦、柏林等动物园展出。因此，麋鹿比大熊猫闻名和出国要早得多。

这时候，英国有一位贵族贝福特公爵，意识到收藏麋鹿的意义，于是他花了很多钱，将欧洲各家动物园的 18 只麋鹿全部买回，饲养在他的私人动物园乌邦寺里，采取散养的办法，让麋鹿自由地、轻松愉快地生活。从此，麋鹿在异国土地上幸存下来，并且繁衍后代，不断发展。到 1948 年，在英国的麋鹿增加到 255 只。1967 年，麋鹿的数量发展到 436 只，英国开始将它们向各国输出,麋鹿在各国也发展起来。到 1982 年,各国麋鹿加起来达到 1100 多只。

"游子"归来

麋鹿的坎坷生涯,有着与祖国人民命运相似的地方。祖国各项事业发展起来后,人们在保护珍稀动物的行动中,自然会想到"侨居"海外的麋鹿,祖国人民盼望它们回来。1956 年 4 月英国伦敦动物学会送还两对麋鹿,养在北京动物园,这是"海外游子"归来的第一批。动物园如获至宝,特意为它们建造了"公寓",其面积比当时哪个兽馆都大,每日都有专门的"服务员"精心地照料它们,它们好像也懂得祖国人民的心愿,不久便繁殖了后代。

1973 年 12 月,英国惠普斯奈动物园赠送给北京动物园两对麋鹿,这是第二批"归侨"。它们被安置在百兽欢腾、百鸟齐鸣的动物世界中,生活得很舒适,"家庭成员"也不断增加,发展到 12 只。每天都有成千上万的游人前来参观它们,祝愿它们"子孙"满堂。

第三批归来的就是前面提到的那 22 只麋鹿,生活在它们祖先曾生活的地方——南海子麋鹿苑。人们为它们植树造林、建舍修园、挖池沼……给它们建设了一个没有噪音、没有污染、没有公害,沼泽广布、林木茂密、鸟语花香的公园。

1986 年 8 月,由国际自然和自然资源保护同盟、世界野生生物基金会无偿提供的 39 只麋鹿从英国归来。它们回到了江苏大丰麋鹿保护区,这是我国第一个麋鹿自然保护区,其面积有 15000 亩。这里也是它们祖先居住过的地方,这第四批归来的"游子"在这大自然的乐园里茁壮成长着。

"穿白袜子"的野牛

最大的野牛

我国云南的西双版纳和高黎贡山地区,植被茂盛,牧草丰富。在这得天独厚的自然环境中,生活着一种最大的野牛,无论是美洲野牛、欧洲野牛,还是我国的野牦牛这些庞然大物,和它比起来仍然相形见绌,逊色多了。一头雄性野牛身长 2～3 米,从前蹄到肩部可达 2.2 米,体重 600～1500 千克,一身的牛肉要 5 匹马才能驮走,一个胃要好几个人才能抱得过来,一个肾脏差不多就有 2 千克重,肠子就有 49 米长。野牛的内脏如此之大,外形也就更大了。

野牛除了身体大外,相应的头也大,耳也大,额头同双肩显著隆起,显得更加高大。它的两只角很雄伟,长可达 75～80 厘米,粗有 50～52 厘米,像人的大腿那么粗,向内上侧弯曲的角度很大,两角之间最宽处有 110 厘米,角的颜色很美,是淡绿色,角端一点黑色,显得别致漂亮。长尾巴的末端有一束长毛,是轰赶蝇虫的好工具。它身披深暗棕色短而厚的皮毛,鼻子和唇是灰白色,唯有四只腿是白色,好似穿着白袜子,所以当地人又管它叫"白袜子"。

"白袜子"的生活

野牛很会选择生活环境,它们成群地生活在原始常绿阔叶林区和稀树草原里,那里远离人境、蝇虻较少、环境幽静、食草丰富。夏天它们到海拔2000米的高处避暑,冬天再回到下边。它们吃着野生植物的嫩芽、嫩竹笋和野芭蕉。不过无论吃什么,它们还保持着老祖宗留下的习惯,囫囵吞枣地将大量草料吞下去,经过瘤胃储藏在蜂巢胃里,然后找一个安全的地方休息,再反刍出来,慢慢地咀嚼,品尝着滋味,最后到重瓣胃和皱胃里去消化。它们的胃功能可大啦!胃里生存着无数微生物,能分解纤维素,合成脂肪酸、蛋白质和各种维生素,这样才能把大量的草料消化。

野牛虽然体格庞大,可它们的敌人——豺、狼、虎、豹经常跟踪追击它们,或者埋伏在它们周围,专门袭击野牛中的仔牛或"老弱病残"者。野牛为了对付敌人,平时警惕性很高,每当休息时,就派出强壮的雄牛到四周站岗放哨,其他雄牛头朝外围卧一圈,让幼牛、雌牛卧在中间,这样的阵势使得敌人不敢轻易下手。如果强敌压境,防线被攻破,它们就有组织地撤退,或者各自逃生。在这种情况下,它们集体性很强,仍然互相照应,尽量不使幼弱者落入敌手。

野牛见人就跑,不会主动伤人,可若是急了,牛劲大发,它会往人身上直冲,用角将人挑起、摔死。这时,有经验的猎人会赶快躺在地上,它的角挑不到,它又不会张口吃人,也不会踩人,无可奈何了,最后只好在猎人身上拉屎撒尿,算报复了事。

在野牛"家庭"中,雌牛很辛苦,一旦怀孕,要经过260～280天妊娠期,然后产下一仔或两仔。野牛妈妈很爱它的"孩子",经常用舌头为孩子舔毛,清除身上的脏物,亲孩子嘴,所以我国有"舐犊情深"的成语。根据现代动物学家研究,这一行为不光是表现母爱,而且含有更深的意义。原来,初生牛犊胃里没有微生物,只能吃奶,不能吃草。后来,在和母亲亲热的过程中,吃了母亲吐出的草料,微生物才得以进入小牛胃里,小牛才能吃草。

　　小牛出生一个多月就有 40～50 千克重,到一岁时,身高 1.3 米以上,身长 1.8 米左右,体重达到 230 千克。它到四五岁时长大"成人",这时它的爸爸又要参加争偶斗争,所以狠心地将自己的孩子赶出群外,让它独自谋生。

　　人类同动物共存时,人总是想尽办法捕捉一部分野生动物进行驯养,使之成为人类的食用对象和役用工具,如野驴、野马、野鸡等。野牛和家牛是同宗兄弟。人们根据野牛常走老路的习惯,在它经过的路上挖下陷阱,野牛刚掉进陷阱时,会挣扎、嚎叫,恨不得和人拼命。可是后来它逃走无望,饥饿难忍,只好接受人们给的草、盐水,还允许人给它冲凉,这样过了三四个月的"牢笼"生活,它不但服了,还和人建立了感情,允许人把它牵回家,加以驯化,然后同家养的黄牛进行交配。

我国特产野牦牛

艰苦的高山生活

青藏高原海拔 3000 米以上的地方,生活着我国特产动物——野牦牛。它身材高大,肩高足有 2 米左右,身长 2～2.6 米,体重五六百千克,两只圆锥形的角像两把犀利的武器,威武地顶在头上,角尖相对,对角向内弯曲。它全身披着粗黑褐色长毛,胸和腹部的长毛几乎拖地,不怕寒风冷雪,长年生活在这冰天雪窖里。它又好似修行的道士,专门在海拔 4000～6000 米荒凉高峻的大山上,在这空气稀薄、植被贫乏的地方,吃苦耐饥地磨炼自己,终于练就了与众不同的"硬本领",那就是它的体内红细胞中的血红蛋白含量高,与氧的亲和力强,运送氧的能力特别高,所以,野牦牛才能在恶劣的环境中健康地活下来。

野牦牛好像也知道要躲避人为的破坏,它们成群地登上悬崖陡壁,人很难上去,再加上它嗅觉灵敏,人们确实很难捕住它。

人工饲养成功

1969 年北京动物园开始首次饲养野牦牛。那时人们饲养野牦牛的经验还不丰富，野牦牛过惯了高山旷野的生活，突然被装进笼箱内，它不习惯，大发脾气，撞呀、顶呀都无济于事。等到达动物园后，它已精疲力竭，再加上对新的气候环境不适应，不久它就病倒了，虽然经过了抢救，但还是治疗无效而死亡。

1972 年 2 月，人们又从青海省曲麻莱县的牛场获得两对野牦牛，其中一头雄牛更是不受笼箱之苦，不管饲养员采取什么措施，都没能把它"劝住"，最后硬是撞死在箱内。剩下三头总算顺利到了动物园，动物园里的饲养员像对待"贵客"那样照料它们。它们刚到时似乎对饲养员的一片好意不屑一顾，任意使性，见人就冲。饲养员可没被它们吓住，天天给它们送"饭"、送水，还为

野牦牛

它们打扫"房间",后来总算"感动"了它们,它们不再撒野了,还挺温驯。刚来时对吃食还挑挑拣拣,后来给什么吃什么,它们也渐渐习惯了。第二年,它们还生了小仔,创造了野牦牛在人工饲养下首次繁殖成功的纪录。

人称"高原之舟"

野牦牛经过长期驯化,逐渐改变了习性,它们的体型变小了,成了矮胖子,头上双角平直微微上举,也没有原来的双角粗了,但它们吃苦耐劳的精神始终保持着。青藏人民很喜欢它们,经常用它们运输货物,称它们为"高原之舟"。

1983 年,中国农业科学院兰州畜牧研究所开始进行"野牦牛驯化和冻精利用"的研究。科学工作者把在祁连山捕获的两头野牦牛产的纯种野牦牛犊运到青海大通牛场驯化和采精,对精液的品质及特性、精子超微结构、人工授精效果等进行了系统的观察研究。1985 年秋天,科学工作者利用纯种野牦牛冷冻精液,授配家牦牛 183 头。1986 年 4 月至 6 月,这些家牦牛先后产下 181 头牛犊,牛犊全部成活,而且十分健壮,人们再用它们来改良我国 400 多万头家牦牛、亿万头黄牛,产生了巨大的经济效益,成为世界上一项领先的科研成果。

多灾多难的高鼻羚羊

形象的名字

高鼻羚羊是因长了高鼻子而得名的。但也有人管它叫赛加羚羊，其实"赛加"是译音，俄文原意就是羚羊的意思。它最引人注目的是在脸上长着一个大鼻子，不但膨胀突出，而且相当长。人们看起来，会感觉这个突出的鼻子似乎太累赘，又不好看，可对它来说却是一个宝贝。试想，高鼻羚羊长期生活在高原荒漠、半荒漠地带，那里空气稀薄，它们躲避敌害要奔跑，逃避猎人要奔跑，撒个欢儿、受了惊也要奔跑，奔跑时，大鼻子像管子似的垂下来，两个大鼻孔在管子末端，能吸进很多空气，保证它们在奔跑时有足够的氧气供应。人们根据这个特点，管它们叫高鼻羚羊，更为名副其实。

高鼻羚羊鼻子大，个头可不算大，体形有点像黄羊，身长 1.2 ～ 1.7 米，肩高 75 ～ 80 厘米，体重也只有 36 ～ 69 千克，尾巴有 7.6 ～ 10 厘米长。雌羊比雄羊体型稍许小些。

鼻子长了，似乎把脸也拉长了，高鼻羚羊两只眼睛凸着，免得被高鼻子挡住视线，一对小耳朵上长着浓密的毛，显得很漂亮。

但最漂亮的莫过于它长在头顶上的两只角。这两只角只有雄羊才有，雌

高鼻羚羊

性羊头骨上只有两个小突起。雄羊的角长 28～37 厘米,粗约 13 厘米,直上耸立,精神得很。角是淡琥珀色,还有 11～13 个环棱,角尖黑,稍呈钩状。可是就因为有这么一对仅次于犀牛角的高级药材角,它们才惨遭猎人的追捕杀害。

在困境中求生存

高鼻羚羊一生常遭狼和金雕的偷袭,幸亏它跑得快,成年雄羊每小时可以跑 100 千米,狼是追不上的。可是躲得过狼群,却躲不过天气变化,遇到大风雪或积雪较深时,高鼻羚羊无法跑了,只能眼睁睁地成了狼群的"美味佳肴"。更可怕的是金雕拍着巨大翅膀从天而降,高鼻羚羊就更加难以逃命了,特别是它的小仔更容易被抓,真是多灾多难。

高鼻羚羊虽然自卫能力有限,但它还是很有母爱的。"娘怀儿"5 个多月,小仔咩咩落地,半个钟头就能站立;6个小时以后,母亲就带它奔跑,看护它,哺育它;小仔8个月时就和母亲长得一般大,同母亲和其他几只兄妹组成小群,秋天形成大群,集体向南迁徙,到草源丰富的地方去过冬。到了来年春天,它们再分散成一个一个的"小家庭",迁回北方。小仔随之"长大成人"。如果是雄性的,它们还会在两颊以及两颊向后经喉部到胸前的部位长出长毛,好像大胡子。

艰苦的环境锻炼了高鼻羚羊。它们能吃苦耐渴,在没水源的时候,它们可以从食物中吸取水分补充身体需要,长期不饮水也不会影响身体健康。

高鼻羚羊好似懂得用"脱毛换衣"的办法来躲避敌人的袭击。它们平时身着淡棕黄色的皮毛,下身白色,到了冬天全身几乎都换上白色,只有背部带点褐色,在雪地里不容易被发现。另外,它那又长又厚的冬毛还可以防风寒。

高鼻羚羊的角是珍贵药材,再加上它的肉味香美,常常受到非法捕猎,因此数量越来越少。人工饲养也不太容易。1987年美国运来了两只雄性高鼻羚羊,它们一开始被养在北京动物园,后来甘肃成立了高鼻羚羊饲养地,这两只就被转移到甘肃,再加上另外一只雄羊,共有三只雄羊,可是没有雌性,这样就给人工饲养、繁衍带来了困难。

在野外,我们有多年未见高鼻羚羊的"倩影"了。我国已把它列为一级保护动物,并引种回国,在甘肃和新疆半散养,为恢复野外种群进行实验和研究。

名牛实羊的羚牛

别号"扭角羚"

　　人们走进动物园，会在百兽中看到一种名牛实羊的动物，它就是国家一级保护动物之一的、被国际自然保护联盟列为世界濒危保护种、载入特别保护"红皮书"里的珍稀动物——羚牛。在野外只有极少数幸运儿才能见到它，而在动物园里，人们则可以开眼直观，看个仔细。

　　论外貌，羚牛并不俊，头大颈粗，腿短，长着大蹄子，好似穿着一双和腿不相称的大鞋。它身长2米左右，肩高为1.1～1.2米，身体粗壮，雄性重约300千克。最引人注目的是它的那对角，它两岁时角是直的，到了三岁，角开始扭转，变得有点像牛角的样子，先向上、再向外侧伸出，再扭向后上方，就因为这对扭角，所以它又有个别号叫"扭角羚"。

　　羚牛并不神气，宽厚的吻部长着少许的毛，额下略有点须。牛大的身子上长着一条短尾巴，好像总夹着似的；它总是弓着腰、摇晃着体躯走路，显得一点也不精神。就这一副长相，外行人说它难看，动物行家们却看它漂亮，左看右看就是看不够，照相机的快门不断发出咔嚓的响声，口里还不断说着"太好了！太难得了"。

悠闲自在的生活

羚牛长年生活在海拔 3000 ～ 4000 米高的悬崖峭壁、多石崖、多沟涧、山林茂密的山地里，人很难上去，也就没法捕捉它们，即使捕到了也无法运下山来。它们成群地在那里过着优哉游哉的生活，清晨和傍晚出来觅食，吃青草、竹叶、嫩枝和树皮，其他时间就隐蔽在密林中。

人总是比动物聪明，再难捕的动物，人也是有办法的。羚牛有舔食天然盐块的习性，它们有时下山去找含盐的水喝或含盐的土舔。四川省唐家河自然保护区里，有一位叫陈洪章的养蜂老人，他曾经接连几个晚上看见一群羚牛光顾这几间旧屋，借着月光一数，大小共有 46 只。前几个晚上，他十分害怕，吓得紧闭大门，后来发现它们并无恶意，只是为了舔食房屋墙地上的泥土。喔！明白了，原来它们是来舔食硝盐的。

羚　牛

　　人们利用羚牛这个特点，或挖陷阱，或设围圈，或用绊索，将它们捕住，送到动物园供人们观赏和进行科学研究。

　　羚牛在我国共有 3 个亚种：喜马拉雅羚牛分布于西藏、云南，皮毛呈深棕色；四川羚牛产于四川西部、北部和青海南缘，皮毛颜色较浅；秦岭羚牛产于陕西、甘肃南部的秦岭和岷山山中，全身皮毛呈金黄色，所以又叫金毛扭角羚，漂亮而珍贵。

　　羚牛虽然身体笨重，但能登上陡峭的山峰。它们感官较为迟钝，但逃避敌害行动敏捷，性情粗暴凶猛。它们是集体行动，每群都有一只身强力壮的羚牛担任"哨兵"，它要登上最高点进行瞭望，真是登高望远。一发现异常情况，它就"哞哞"鸣叫发出信号，群体或"撤退"，或准备应战。

我国珍稀鸟类 🦋

消灭蝗虫的英雄——白鹳

优雅的仪表

虽然人们不知道白鹳是什么时候出现的，但根据古生物学家的考证，早在白垩纪时期，鸟类中就已有了鹳形目。到后来，当人们发现它时，就是一种非常漂亮、受人喜爱的大鸟。它个头高高，身材魁伟，穿着洁白的羽衣，从肩羽到尾羽都是黑色的，好似少女闪光发亮的黑裙子；明亮的双眼被描上了红眼圈，更是别具一格；粉红色的双腿，好似穿了一双长筒袜子；又粗又长的黑喙像两柄特制的雌雄剑，风度翩翩，威风凛凛。

白鹳平时常结成小群，翱翔在有树木的、开阔的沼泽上空，漫游在浅水里，栖身在大树上。它们常常迈着稳健的步子，在沼泽、浅水中觅食。鱼、蛙、蛇、蜥蜴、软体动物、昆虫和鼠都是它们的可口美餐。它们在历史上曾有过消灭蝗虫的英雄之称。据记载：在1848年、1849年、1891年和1925年等年份，哪里发生了蝗灾，它们就赶到哪里，四面围剿，勇敢、迅速地捕食那些蝗虫，即使吃饱了，也要将剩下的蝗虫啄得稀碎，受到了人们的赞美。

有时候，它们也会侵犯鱼类。它们在池塘水边，把粗短的脖子缩成S形，好像若无其事地正在静静地养神儿。其实不然，它们是在等待饵物自己送上门来,真有点像姜太公钓鱼——愿者上钩。所以,又有人给它们取了一个俗名"老等"。白鹳是大型涉禽,每年春季在欧亚大陆的北部繁殖,到了冬季,它们经过艰苦的长途飞迁,到非洲南部过冬。我国的白鹳大多在东北和新疆繁殖,也有少数到长江下游和台湾过冬。

共建"新房"

白鹳的"婚事"和养儿育女的事,是很富有人情味的。每到繁殖季节,雄性白鹳首先由过冬地飞回繁殖地,占据一定的领域,选择大树,急忙修造"房屋"。另外,白鹳不怕人,有的在人家的房顶处搭巢,给主人家带来很多欢乐。总之,雄鸟要在雌鸟到来之前把"房"盖好,就跟小伙子在结婚前把新房准备好一样。它们有的是"原配夫妻"重返旧居,也有的是新结合的伴侣,新建"家庭"。雄鸟整天不停地叼来建筑材料——树枝、树皮、木棍,搭呀、建呀、忙碌

白 鹳

得很。"房子"刚刚有点眉目,雌鸟就来了,它们在空中就能辨认出谁是自己的"丈夫",而雄鸟一看到自己的伴侣来了,非常激动,伸着脖子,用劲地叫着。当雌鸟飞落在雄鸟面前,它们陶醉在甜蜜的幸福中,叫着、跳着、互相呷嘴,用长喙互相"抚摸",那股亲热劲呀,好像久别重逢的"夫妻"。

欢乐之后,"夫妻"共同整建巢室。不久,一个 2 米多高、1.5 米多宽的大巢建好了。但它们并不满足,还要铺上"褥子"免得硌坏卵,于是又叼来干草、报纸、苔藓、羊毛,有时还会把主人家的旧布头和小衣服叼来,也垫在巢底上。1986 年 8 月,《北京晚报》曾报道爱沙尼亚皮亚尔努地区的一棵参天巨树上,有一个硕大无比的白鹳巢,直径 5 米多,重 500 千克左右,是用干树枝、泥土、沙石、废绳子建造的,巢内有破鞋、法国香水瓶等杂物。

雌鸟产下 3 ~ 6 枚卵,白鹳"夫妇"轮流趴窝孵化。一个多月后,雏鸟出壳了,雌鸟先将食囊中的食物吐在雏鸟跟前,雏鸟本能地自己啄食。以后育雏的任务就由白鹳"夫妇"共同承担,天冷了,它们就用大翅膀将雏鸟搂盖住;热了,就给雏鸟喂水降温。倘若发现了敌害,"父母"就拼命打动上下嘴,发出"哒、哒、哒"敲梆子似的响声,为了保护它们的小宝贝,它们还会勇猛迎敌奋战,直到把敌人赶走。

雏鸟在"爸爸""妈妈"的精心抚育下,两个多月便长大了,四个月后就和"爸爸""妈妈"一般高,10 月份,它们就可以跟随"父母"南迁了。

近年来,由于环境的污染,白鹳的数量越来越少,我国已把这种优雅的濒危动物列为国家一级保护动物,加以保护。德国已把白鹳定为国鸟。

白鹳的"堂妹"黑鹳

漂亮的羽衣

黑鹳和白鹳本来是"堂姊妹",黑鹳个子比白鹳小些,体长 1～1.2 米,体重约有 3 千克;身穿与白鹳相反的黑褐色羽衣,如同少女穿着豪华的闪光绸,

黑 鹳

显得华丽高雅；下体雪白的羽毛，又如同穿着白裙子。它的长喙、眼圈和长腿都是殷红色，互相映衬，宛如一位美人。

很早以前，黑鹳同白鹳都居住在幽静的山谷密林之中，它们如同两种争艳的引人注目的鲜花，给幽静的山谷密林增添了勃勃生机。可是到后来，也就是在 2000 多年前，白鹳不甘心久居山谷，毅然离开黑鹳，飞出山谷密林，到人烟较多的地方去生活了。而黑鹳依然生活在山谷密林中，远远地离开人迹。

黑鹳很文雅、悠闲，由于不和人接触从而惧怕人。所以，动物园的饲养员在运送黑鹳时格外小心，生怕它撞笼伤亡。它们即使是迁徙或越冬，栖息在开阔的平原上时，也会远离人们居住的村落，结群到沼泽或潮湿地区觅食。它们并不嘴馋，鱼、蛙等水生动物都能填饱它们的肚子。它们很少鸣叫，喜欢沿着溪流飞翔，飞行时和它的"堂姐"白鹳的姿势一样，将颈和脚前后伸展成一条直线，缓缓地鼓动着大翅膀，姿态非常优美。

强占地盘

每年 4 月，它们开始繁殖，在大树上或悬崖峭壁的岩隙间搭巢。它们喜欢用旧巢，每年修修补补，逐渐扩大。黑鹳每窝通常产卵 4～5 枚，随即趴窝孵化。曾有人看到，黑鹳的旧巢处原来是海鸥的搭巢地点，经过一番争斗，海鸥败北，被迫让出搭巢地盘。于是黑鹳以胜利者的姿态占据了此地盘，忙着精心建巢。可海鸥不甘心于自己的失败，经常来给黑鹳捣乱，有时偷走它的树枝，有时啄黑鹳的屁股，使黑鹳搭窝不成，趴窝不安。几年过去，黑鹳的巢室始终未见成形。即使如此，黑鹳每年回旧居的习惯仍未能改变。

黑鹳的数量比白鹳少得多，如何保护这种国家一级珍禽免于灭绝，是每个生物学家和爱鸟的人需要关注的问题。

国宝朱鹮在发展

逗人喜爱的外貌

"东方明珠"是动物学家们对朱鹮的赞美，它不仅稀有珍贵，而且它那几乎绝代的遭遇，也叫人刮目相看。

朱鹮外貌美丽，逗人喜爱，身长 70～80 厘米，体重 1.4～2 千克，是中等体型的涉禽。全身雪白的羽衣中，杂有粉红色的羽干、羽茎、飞羽，特别是初级飞羽，其粉红色更为鲜艳，如同晚霞闪耀着光辉。由于这点，有人管这种颜色叫"朱鹮色"。

朱鹮头部后方有一撮向后披拂的柳叶状的羽毛，如同少女的披肩发；裸露的面部是橘红色，又如同少女抹上了红胭脂；一根长而稍弯曲的黑喙，如同一把短利刀；橘红色的腿脚，好像穿了红色的健美裤，美丽、潇洒。

相传从前有一家农户，生活过得很艰难。有一天，一群朱鹮突然飞来，落在他家门前的两棵大树上。从此，这家农户的生活一天比一天好。因此，朱鹮又有"吉祥鸟"的美称。这虽然是个传说，但是朱鹮的美丽以及人们对它的喜爱程度就可想而知了。

终于找到了

以前,祖国大地上到处都有朱鹮生活的痕迹,华北、东北、台湾、海南等地区的山麓、平原、田园,都曾有它们的成员,甚至国外朝鲜、日本和俄罗斯也有它们的家族。那时,朱鹮家族是何等的昌盛。然而,人类的生产开发使朱鹮的生态环境被破坏,数量也在不断减少。一些馋嘴的人竟对它们下毒手,使朱鹮成为餐桌上的美味。

朱鹮性情温驯,警惕性不高,除了人害之外,还有黄喉貂、豹猫、乌鸦以及一些猛禽时常捕食它。朱鹮在朝鲜、日本已绝迹。1964 年,朱鹮在我国突然失踪。随着科学文明的发展,人们后悔对朱鹮保护得太晚。1978 年秋,中国科学院动物研究所派出一个调查组寻找朱鹮,这些科学工作者历尽千辛万苦,行程 5 万千米,足迹遍及辽宁、陕西、甘肃、河北等 10 多个省。功夫不负有心

朱　鹮

人，1981 年 5 月，科学工作者们终于在海拔 1356 米的陕西省洋县金家河山谷和 2 千米外的姚家沟发现了两窝朱鹮。找到了！见到了！这被逼上"梁山"的大鸟正在养育雏鸟。这是天大的喜事，这证明朱鹮在我国不但没有灭绝，还有后代问世，拯救这种珍鸟免于绝种就有了希望。

生儿育女繁衍后代

朱鹮自从被发现，就引起了各国有关机构和鸟类爱好者的关注。中国科学院在姚家沟建起一个"秦岭一号"朱鹮群体观察站，昼夜对朱鹮进行观察。

每年早春二月，成对的朱鹮回到繁殖地，它们占领地盘，选择一棵高大的青冈树，早出晚归，叼材建巢。为了防止敌害，它们将巢建在 17 ～ 18 米高的树杈上。有时刚刚叼来材料，就被邻居喜鹊偷走，但它们仍然一丝不苟地辛勤筑巢。巢室还没有完全建好，雌性朱鹮就产下一枚卵，只好一边产卵，一边补搭巢室。这种不断扩大巢室的行为，一直延续到最后一只雏鸟出世。

朱鹮每窝产下 2 ～ 5 枚卵，朱鹮"夫妻"轮流趴窝孵化。经过近一个月的孵化，一只只小朱鹮出壳了，这给朱鹮"夫妻"带来欢乐，同时也增加了劳累，每天无数次喂雏鸟的程序是严格的。朱鹮"夫妻"将泥鳅、小鱼、青蛙和甲壳类及昆虫吞进食囊内，制成半流食。喂食时，它们把嘴张开，先让第一只出壳的老大把嘴伸进食囊取食，老大吃饱后，把头低下。然后它们接着喂第二只，第三只……朱鹮"夫妻"就这样轮流喂养自己的儿女。

它们在喂儿女时，往往力不从心。根据它们的能力，喂养两只儿女是理想的，喂养 3 只就有点吃力，喂养 4 只成功的就太少了。所以在 1981 年，3 只雏鸟就有一只因吃不上食物，身体日渐瘦弱，被弃于巢外；1985 年的 4 只雏鸟中，"小四"又遭同样命运。雏鸟被弃看来似乎很残忍，但在自然界中，强壮的就能生存发展，病弱的被淘汰，这就是自然淘汰的规律。

小朱鹮生长得很快，45 天左右就能独立生活了。

1981 年朱鹮被发现时，只有 7 只。自此，几乎每年都有小朱鹮问世：1982

年出雏 2 只，1983 年又增添 3 只，1984 年又孵化 5 只，1985 年又增添 4 只，1986 年又是 7 只，1987 年又有 6 只，1988 年又出世 7 只，1989 年又有 7 只，这样共有 40 多只朱鹮，它们一代一代地繁衍下去，经过 20 多年的努力，到 2007 年底朱鹮的总数在全国已达到 1000 多只，基本摆脱了灭绝的危险。

倍受人们的保护

为了拯救朱鹮，20 世纪，国家先后投资 20 万元，在陕西省洋县建起了保护站，严禁乱伐树木，并规定朱鹮栖息地区禁止使用农药、化肥。春夏朱鹮繁殖或冬天朱鹮取食困难的时候，人们会为它们从外地买来泥鳅、鳝鱼，投放到稻田里和浅水中，供它们取食。幼雏孵化的时候，人们还在巢树下搭起尼龙丝网，以防雏鸟中的病弱者被弃出巢外摔伤。野外的朱鹮被保护得如此周到，人工饲养下的朱鹮受到的养护就更为精细了。

1981 年那只被遗弃在巢外的雏鸟，被观察站的工作人员拾起后，送到了北京动物园。以后又有同样的"弃儿"被送到北京。有时，观察站的工作人员发现巢室内有弱雏挣扎，马上攀树取出，及时送到北京。北京动物园为它们建造了一座高大、宽敞的笼舍，买来了小活鱼、泥鳅、青蛙等供它们食用；同时请来兽医为它们检查治病，并派专门的饲养员精心饲养它们。它们很快恢复了健康，逐渐地成长起来。它们同饲养员的感情也越来越深，每当饲养员前来为它们打扫卫生或喂食时，它们都能很快听出饲养员的脚步声，马上走到门口迎接。有时，它们还会和饲养员开个小玩笑，突然把饲养员的帽子啄下来，弄得饲养员哭笑不得。

东渡日本"成亲"

1981 年 1 月，日本新潟县的佐渡岛上传来了消息：那里还有 5 只朱鹮。

为了保护它们,科学工作者将它们全部捕捉起来,收养在该岛的保护中心里,盼望它们能在人工饲养下繁殖后代。可是这几只朱鹮老壮不齐,不是公的年龄大,就是母的不配对,再加上长期近亲交配,繁殖能力低下,不久就死了两只。眼看朱鹮在日本国土上有消失的可能,日本的科学工作者们对此焦急万分,束手无策。

正在这时,中国发现朱鹮的消息突然从大洋彼岸传来,日本举国震动,同时,日本科学工作者们有了一线"求婚"的希望。他们到中国看到了可爱的朱鹮,"求婚"的愿望迫不及待地脱口而出。经过中日双方协商,我国政府答应了他们的请求,决定借给他们一只名叫"华华"的雄性朱鹮去日本"联姻"。

这一消息被传到日本后,轰动了整个日本,成了日本新闻界的头条新闻。1985 年 10 月 22 日,朱鹮"华华"在专家们的护送下东渡日本"成亲"。

日本和欢迎"贵宾"一样,从机场到"华华"的住地,从欢迎的人群到不时的问候,到处充满了迎接"新郎"到来的喜庆气氛。

日本朱鹮保护中心为"华华"准备了舒适的"新房",它需要休息几天,渐渐适应这里的环境、气候、食物。不久,"华华"就同日本的一只名叫"阿金"的朱鹮"小姐""成了亲"。后来,我国政府又分别于 1998 年、2000 年和 2007 年向日本赠送了朱鹮,展开了积极有效的繁育合作。在中方专家的指导下,日本朱鹮实现了繁殖成活。中日两国人民乃至全世界爱好动物的人们都盼望它们继续繁衍,为拯救朱鹮这个濒危的物种开辟一条新路。

朱鹮的同科"姊妹"

在鹮科鸟类中,除了名扬四海的朱鹮外,还有身材苗条的彩鹮,头戴红"额饰"的黑鹮,身着白羽衣的白鹮。它们的形象以及"衣着打扮"和朱鹮一样漂亮,如同花团锦簇的"四姊妹"。

彩鹮身长 48～66 厘米,身着暗黑栗色羽衣,闪耀着紫色、绿色和古铜色的光泽,显得华丽夺目。野外的彩鹮数量并不多,在我国的福建、浙江等地偶尔能见到。它们成群生活在沼泽、湖泊和水田中,常发出"嘀咕"声,似羔羊叫,有独特的捕食本领:在浅水中迈着勇往直前的大步,一旦发现猎物,就猛地将长喙插入泥水中展开捕捉。

黑鹮比彩鹮稍大些,身长 60～68 厘米,身着暗橄榄褐色羽衣,背部羽毛泛着绿色光泽,好似穿着丝绒衣服,显得高雅别致。它长着黑黑的"脸膛",头顶有一红色"额饰",所以又有"疣头鹮"的雅号。它秉性勤劳,不喜欢睡懒觉或呆呆地站着,总是在水田中勤劳地觅食,虽然身体不大,但叫声如同猛禽。黑鹮在我国极为罕见,仅于 19 世纪在云南西南部有过记录,不过人们至今未获标志。

白鹮的个子仅次于朱鹮,身长 67～75 厘米,全身洁白如雪,每到繁殖期,羽衣变得更漂亮、松散,显得潇洒、别有风度;其"轰隆、轰隆"的叫声极为奇特。白鹮在我国东北繁殖,到广东、福建、台湾越冬。它是珍贵的观赏鸟,也有人管它叫西伯利亚鹤。

鸟中"傻子"黄腹角雉

有角的雉

在多彩多姿的动物世界里,动物们各有各的外貌,各有各的特点,吸引着人们对它们进行研究。像各种野牛、野羊、羚羊头上长着角,人们觉得很平常。但是对鸟类中角雉头上的角,人们却感到很新奇。其实角雉的角不过是长在两眼上方的几厘米长的肉质角状突,这个肉质角状突不是格斗的武器,而是争偶的标志,这就是"角雉"名字的来源。角雉胸前还有一个帷幕一样的肉裙,在繁殖时期,肉角和肉裙还会膨胀展开,光彩夺目。

我国特有的黄腹角雉是5种角雉中的一种,只分布在福建中部和西北部、浙江南部、广东北部、广东东北部和湖南东南隅。它们生活在海拔800～1400米高的山林中,和灰腹角雉、黑头角雉等其他4种角雉比较起来,它们的栖息地是海拔最低的,终年不"搬家",是典型的留鸟。

黄腹角雉的体型比家鸡大点儿。雄鸟漂亮的羽冠颜色奇特,前边黑、后边红,全身布满栗红色带有棕黄色的圆形斑点,如同穿着一件花衣服,但下体几乎是纯棕黄色不带斑点,好似穿着一条素雅的裤子。雌鸟虽然没有雄鸟那么漂亮,但上体是棕褐色带有棕白色的羽衣,下体也是棕黄色,少数也有褐色的，带有大块斑纹，倒也雅致。

傻劲大发

别看黄腹角雉外表美丽，但它性情怯懦、迟钝。据有关科学家测定，它的脑子和体重之比，要比金鸡、白鹇小些，所以它不机警，受到惊吓也不会立刻逃走，而是站在原地东张西望，好像要看个究竟。有时它听到猎人的枪声也不赶快躲避，直到发现真的有人来了，想逃也来不及了。在这走投无路的时刻，它急得顾头不顾尾，一头钻进杂草丛里，身子却露在外面，似乎它看不见敌人，敌人也就看不见它了，多么可笑呀！难怪有人管它叫"呆鸡"，真是呆得出奇。

它身体笨拙，不到万不得已，是懒得飞起来的；即使飞起来，也只飞一会儿就落地休息。当它被捕进笼子里，就开始大犯傻劲，乱飞乱撞，用头往笼子上撞，弄得头破血流，好像后悔不及，想一头撞死似的。有经验的人会用油毛毡遮住笼子，不让人靠近，这样过上十多天，它的傻劲才过去，开始正常生活。

它们平时总是5～9只结成小群活动，出没于山沟、溪涧附近，在灌木、

黄腹角雉

竹林下面,寻觅细菜、嫩叶、果实、昆虫为食。

也有机灵的时候

别看黄腹角雉又呆又笨,可每到春暖花开的时节,也就是它们该"恋爱""结婚"的时候,它们却表现得比谁都机敏、灵活。雄鸟首先唱起不怎么悦耳的恋歌,得到雌鸟的应和之后,它马上向前慢跑几步,微微举起两翅,尽力撑开尾羽,昂首挺胸,抖动起膨大而鲜艳的肉角,膨胀的肉裙像一块漂亮的花手帕挂在胸前,雄鸟边舞边唱,一遍又一遍地炫耀自己,想得到雌鸟的欢心。雌鸟一开始躲避雄鸟,但雄鸟不遗余力地一次又一次苦苦追求,雌鸟似乎被感动了,终于答应了雄鸟的求爱。

不久,雌鸟感到身怀有卵,它便马上离开雄鸟,找一个僻静地方筑一个简陋的窝开始产卵,趴窝孵化全由雌鸟完成。28天后雏鸟出壳。雏鸟发育成长较慢,两年才能长成成鸟。

黄腹角雉在野外的数量越来越少,人工饲养也不太容易,所以它们在国内动物园里也很少见,只在北京、上海、天津等大的动物园里才有展出。

过去,也有少量黄腹角雉被运往国外,但由于难养和不易繁殖,人们在国外动物园里已经很难见到它们的踪影了。国际自然保护联盟将它们列为一类濒危动物、国际贸易公约中的第一类禁止贸易动物。我国也在积极采取措施保护这种珍贵动物,使之免遭灭绝的危险。

高山俊鸟绿尾虹雉

高山出俊鸟

人们常说："高山出俊鸟。"这话真说对了。我国海拔最高的喜马拉雅山脉和青藏高原上,生长着 3 种俊鸟,它们身着光辉灿烂的彩虹般的羽衣,因此得名虹雉。鸟类学家认为,这种光彩夺目的色彩在鸟类中是无与伦比的。

3 种虹雉像一群身着华丽服饰的贵妇,令人眼花缭乱,难以分辨。人们只好根据它们的尾羽区分:尾大且呈蓝绿色的叫绿尾虹雉;尾部呈棕红色的叫棕尾虹雉;尾部大都棕色且具宽阔白尾梢的叫白尾梢虹雉。它们都是国家一级保护动物。棕尾虹雉和白尾梢虹雉主要分布在我国西藏喜马拉雅山脉,东到云南西北部,国外从阿富汗东到不丹、印度和缅甸也有一些。唯独绿尾虹雉是我国特有的物种,只分布在青海东南部、云南、四川西北部、西藏东南部和甘肃南部的高山峻岭中。

绿尾虹雉好似雉类选美中的佼佼者,以它的美丽、稀有、珍贵赢得国内外学者瞩目。它体长 76 厘米左右,尾长 27 ～ 30 厘米,体重 1.6 ～ 3.5 千克。雄鸟戴有彩色羽冠,向后覆盖着颈项。

天才歌唱家

绿尾虹雉栖居在海拔 3000 ～ 5000 米的多岩山地草甸和杜鹃灌丛中,那里自然条件相当严酷,终年被云雾笼罩着。冬季它们迁移到海拔 3000 米左右的地带过冬。它们成对或小群活动,不喜欢结成大群,白天下地觅食,用坚硬而弯曲的喙挖土,采取细根、球茎等为食。因为它们特别喜欢吃贝母(一种百合科多年生草本植物)的扁球形鳞茎,所以又被当地群众叫作"贝母鸡"。吃饱了,它们就找个合适的地方休息或进行沙浴,晚间住到松树上或茂密的杜鹃丛中。

绿尾虹雉不仅长得漂亮,而且有歌唱家般的歌喉,天刚亮就开始"歌唱",它们的声音要比其他鸣禽类的洋腔洋调好听得多,雅致、婉转、悠长动听。"夫唱妇随",它们的歌声此起彼伏地在群山间久久回荡。

平时它们的警惕性非常高,遇到敌情,立刻缩着脖儿,急忙钻进灌木丛中。有时它们会展翅滑翔,而且拥有一种与众不同的飞行本领:飞行时借助气流向上使力,由低处向高处滑翔,这在雉类中是罕见的,所以它们很难被捕获。

由于绿尾虹雉是高山动物,所以它对低地各种疾病的抵抗能力很差,容易传染疾病,很难被饲养。野外的绿尾虹雉数量越来越少,因此,人们必须采取有效措施加以保护,使它们免遭灭绝的厄运。

"拼命三郎"褐马鸡

褐马鸡是我国的特产珍稀鸟类，由于它大部分产在山西省，所以山西省政府把它定为省鸟，倍加保护。

名字的由来

褐马鸡长相可不俗：全身大部分地方披着闪光的褐色羽衣，红红的面颊，像怕羞的小伙子；连接下额的洁白耳羽，如同戏剧中"大花脸"的两撮鬓发，超过头顶高耸立着，显出一种刚毅的气派。就因为这个漂亮的耳羽既有些像耳朵，又好似长的角，所以它又有"耳鸡"或"角鸡"之称。

它的银白色的腰羽往后同银白色的尾羽混为一体，末端又变为黑色，并泛出紫蓝色的金属光辉。最引人注目的是它那独特的美丽尾羽，共有22根，中间的两对又特别长，向上翘起而后披散垂下，有如马尾，加上它昂首翘尾、威风凛凛的姿态，活像一匹骏马，由此得名"褐马鸡"。

英勇善战的精神

褐马鸡不算大鸟，也够不上猛禽，身长只有1米左右，体重5千克左右，

褐马鸡

翅膀短，飞行能力差，只有在情况危急时，才能成群飞出1～3千米。当它们飞不上山时，它们就边上山边觅食，到了山顶上再滑翔下山。别看褐马鸡这么笨拙，却有着英勇善战的精神，雄性之间在春季繁殖求偶的时候常进行你死我活的格斗。如遇到鹰和狐狸，它们更会奋起拼搏，斗起来简直像不要命似的，真有点"拼命三郎"的劲头。古代人称褐马鸡为"鹖"，是英勇善战的象征。《列子·黄帝》篇说："黄帝与炎帝战于阪泉之野，帅熊、罴、狼、豹、貙、虎为前驱，以雕、鹖、鹰、鸢为旗帜。"把鹖和鹰、雕、鸢等猛禽排列在一起，可见古人对鹖的战斗精神是非常赞美的。另外曹操《鹖鸡赋序》中也说："鹖鸡猛气，其斗终无负，期于必死，今人以鹖为冠，象此也。"《禽经》则说："鹖，毅鸟也，毅不知死。"虽然这是夸张的说法，但说明它英勇的精神是值得人们效仿的。

褐马鸡也有防身的办法，它们成群觅食时，总要派出哨兵站在高处放哨，一旦发现豺、狼、狐、豹及猛禽来偷袭，就发出警戒叫声；不善飞的它们却跑得很快，人是追不上的，它们会很快钻进密密的灌木丛中，使得敌人束手无策。

漂亮的尾羽引起杀身之祸

从古到今，人们对褐马鸡美丽的尾羽梦寐以求。古代皇帝经常命人将褐马鸡的尾羽装饰在帽子上，叫作"鹖冠"，将鹖冠赏赐给武将，意思是希望他们学习褐马鸡拼命战斗的精神。秦始皇陵铜车马上的御官俑，头上戴的就是一顶鹖冠。从战国时期的"冠"到清朝的"顶戴花翎"，鹖冠被戴了 2000 多年。

到了近代，虽然没有再做"鹖冠"的了，但是国外的贵妇、小姐喜欢用褐马鸡的尾羽装饰帽子。许多外国商人将活的褐马鸡运往欧洲，一对就可以售卖到 1000 元左右。大象以齿焚身，犀牛以角招祸，褐马鸡则由于它那美丽的尾羽差点全军覆没。

褐马鸡生活领地窄小，只生活在山西、河北北部海拔 1000～1800 米高的森林中。那里有成片的油松、云杉和橡树，树下是成片的荆棘灌丛。它们白天出来觅食，松子、橡实、蚂蚁、昆虫都是它们的食物，有时它们也到田间吃莜麦菜、豌豆；晚上则跳到树上休息。

国家对褐马鸡的保护相当重视，根据它们的生态环境，建立了芦芽山、庞泉沟和小五台山自然保护区。褐马鸡的数量增加较快，1987 年的一项野生种群调查显示其数量只有数百只，到了 2009 年，相关文献报道其野生数量已达到 17900 只左右。

褐马鸡容易饲养，繁殖很快。它们在饲养情况下很温驯，甚至能和猫狗生活在一起，所以世界各大动物园都喜欢饲养它们，这也是保护这种珍稀动物的一个好办法。

高山雪雉藏马鸡

同褐马鸡并驾齐驱

头戴小"黑帽"的藏马鸡,虽然没有像褐马鸡那样闻名于古今中外,但它是马鸡属的一种,也颇有名气。它的"相貌"也有像褐马鸡的地方,"身条"、红脸颊、红"脚",和褐马鸡一样。不同的是,它的耳羽虽然也是白的,但不那么显著地突出于颈项。它的头顶上有黑色短毛,如同戴了一顶新疆小帽,粉红色的喙,像淡淡地涂上了口红,全身披着雪白的羽衣,因此又有"白马鸡"之称。但在它翅膀和尾部末端的羽毛呈现出灰蓝色,闪烁出蓝绿色、紫色的光泽,如同少女在洁白的连衣裙上镶上了裙边,非常雅致漂亮。藏马鸡的尾羽不翘起,不披散,也没有长长的中央尾羽,可是它有时摆成扇形,也很威风。

藏马鸡不仅生活在西藏自治区,东到四川西部,北到青海南部,都是它生活的区域,比褐马鸡的分布地区大多了,纯属中国种。在这几个地区中,它们是以西藏为"根据地"的,所以叫藏马鸡。它们深受西藏人民的喜爱。

藏马鸡主要栖息在海拔 2500～5000 米的高山区,活动于松树、橡树等密林或疏林灌丛中,通常 20～30 只一群,冬季 50～60 只为一大群,能和"邻居"血雉、雉鹑友好相处。藏马鸡又有"雪雉"这个别名。

生存与繁殖

　　动物为了生存,各有各的采食方法。藏马鸡早晚时间在林间地上用嘴挖土觅食,平时以蕨麻、云杉、青稞、海棠等嫩枝叶以及花蕾、果实、种子等为食,它们还喜欢吃野葱的茎和球茎,所以有人说它们的肉带有葱味。有时它们也找点昆虫及其他幼虫吃,换换口味。

　　每当觅食时,它们大概很兴奋,经常发出洪亮、急促的呼呼声,间以短促的咯咯声,好似彼此互相呼应,互相联络,又好像互相告诉对方:"这里有吃的,快来呀!"人们在3千米外都能听到它们的叫声。

　　藏马鸡同褐马鸡一样,不善于飞翔,晚间为了防备敌害,要到树上去睡觉。它们怎么上树呢? 有办法,从较矮的树枝逐级向上纵跃。它们的组织性、警惕性都很高,由一只雄鸟带领,这只领队的雄鸟要蹲在最高的树梢上,站岗放哨。它们夜间栖息的树比较固定,一旦受到惊动,第二天就会转移"宿营地"。

　　它们都是"一夫一妻制",每年到4月开始繁殖,用枯树、干草、苔藓和鸟羽等物,在地面上做一个浅碟状的简陋的巢,每次产下4～7枚卵,也有产16枚卵的纪录,而后由雌鸟专心孵化23～24天后,雏鸟就出壳了。如果没有其他意外,雏鸟的成长速度是惊人的,一个月后其体重就会由刚出壳的50克左右增加到300克,一年后就长大"成人",体重达到1000克,这时它们就可以"成家立业"了。

　　藏马鸡被公认为一种著名的珍稀鸟类,它的羽毛可以做装饰品和工艺品,观赏价值也很高。由于野外数量有限,它在国际上被定为二级濒危动物,与褐马鸡同属第一类禁止贸易动物。

"富贵闲人"蓝鹇和白鹇

当你走进动物园,站在雉鸡苑宽敞的笼舍前,会看到3种体型相差不多、身披不同羽衣的鸟。人们看它们很悠闲的样子,所以将它们统称为鹇类。它们是蓝鹇、白鹇和黑鹇,好似来自不同地区的异姓三姐妹。蓝鹇产在我国台湾;白鹇广布在我国南方各省和东南亚;黑鹇分布于喜马拉雅山脉南北地区。

蓝鹇和白鹇的身价名贵,是众所周知的。它俩的"穿着打扮"不但有着明

蓝　鹇

显的区别,而且性情也不相同。

"台湾小姐"

蓝鹇的故乡在台湾,它像一位举止端庄的"台湾小姐",身披蓝黑色闪光的、每根羽毛都有黑色镶边的羽衣,向后垂着的白色羽冠整齐发亮,白色的背羽和白色的中央尾羽,好像新潮时装,显得新颖别致。它红红的脸庞一直红到身部,甚至到肩部,一对红腿脚,鲜艳夺目。

它生活在海拔 900 ～ 2700 米的山地密林中,过着几乎是世外桃源的生活,因此,养成了"沉默寡言"、隐匿机警的性情。为了躲避敌害,它经常深居简出,很难被发现。即使偶然被发现了,它也会迅速地跑得无影无踪。

每年 6 月至 8 月,正是蓝鹇"谈情说爱""生儿育女"的季节。它们换上了漂亮的"婚礼服",特别是雄性蓝鹇不但羽毛漂亮,它们裸露的脸上还会长出许多"青春疙瘩美丽痘"来吸引雌性蓝鹇,同时,又将额上的肉冠及脸部肉垂变得肿胀通红,以博得雌性蓝鹇的"青睐"。在这一段时期,雄鹇相遇,要进行激烈的格斗,以保证自己的领域不受侵犯。

雌鹇通常每次产下 3 ～ 7 枚卵,孵化 25 天左右,雏鸟就出壳了。它们以惊人的速度成长着,28 天后,除了头和颈部外,全身都换上了正常羽毛,过了 50 天,全身上下再也找不到绒羽了,完全像它们的"父母"了。它们学着"妈妈"的样子,在地面觅食,品尝着各种嫩芽、嫩叶、种子、果实、幼虫的滋味。

蓝鹇是名贵的观赏鸟,又是我国台湾的特种鸟,然而,曾在北京动物园里展览过的几只蓝鹇,不是直接来自台湾。1866 年,它们的先辈被运往欧洲,在欧美各动物园都有展出,北京动物园里的这几只是这些先辈们的后代,于 1978 年才回到祖国。它们已传种接代。人们盼望着国家一级保护动物、在台湾土生土长的蓝鹇,能在大陆繁衍发展。

素雅的白鹇

白鹇从"衣着"到性格，都与蓝鹇截然不同。它银装素裹，上体和两翅以及长长的中央尾羽，几乎是纯白色的，上面布满了"V"字形黑纹，显得素雅纯洁、别有风度，所以又有"银雉"和"白雉"之称。但它身上并不只是白色，也有别的颜色陪衬：羽冠和胸腹部是藏蓝色，脸庞和腿脚是鲜红色。雌性白鹇全身橄榄棕色，枕冠接近黑色，虽然没有雄性白鹇漂亮，但很受雄性白鹇倾慕。

在清代，白鹇受到清王室的赏识，它们的形象被绣在五品文官的朝服上，以显示他们的威严和等级。

白鹇的性格可不像蓝鹇那么谨慎内向，而是容易外露，一遇惊扰立刻羽冠竖立，微扬起尾羽，边粗哑地大叫，边迅速跑到山地，然后起飞。

白鹇的栖息地也不像蓝鹇那么窄小，南方各省几乎都有它们的足迹。它们选择多树林的山地为"家"，尤其喜欢在浓密的竹丛间活动，从山脚到海拔2000米左右的山地，都是它们活动的范围。为了安全，它们白天躲起来，早晚出来扒开土地，寻找蚂蚁、甲虫、蛴螬、金针虫以及各种浆果、种子、嫩叶、苔藓等为食，吃饱喝足后飞到树上过夜。

每年4月，雄性白鹇经过流血斗争，组成"一夫多妻"的家庭，筑巢在灌木丛间的地面凹处，雌性白鹇通常每次产卵4～8枚，孵化24～25天，雏鸟就会出壳问世。

由于白鹇分布比较广，人们对它比较了解。唐代大诗人李白就曾说过，白鹇的卵可以用鸡孵化。可见我国唐代就已经对白鹇进行饲养和孵化了。现在，人们对它的习性特点掌握得更加全面，进行人工饲养和孵化更没问题。近年来，白鹇的种群数量渐渐稳定，因此被列为无生存危机的物种。

珍稀观赏鸟白颈长尾雉

翎毛的来历

在古装戏剧中，人们常看到武将的头盔上有两根带环纹的长羽翎，显得威风凛凛，神气得很。这又长又漂亮的翎子是什么鸟的羽毛呢？人们看到时，很自然地会提出这个问题。

其实，动物学者们一看就知道这是珍稀动物长尾雉尾上的中央尾羽。早在 14 世纪，意大利旅行家马可·波罗在他的《马可·波罗游记》中就曾经提到长尾雉羽毛华丽，可以作装饰之用。可见长尾雉是美丽的、招人喜爱的鸟。

长尾雉共有 5 种，它们好似一个大家族的成员，分居在各地，除了铜色长尾雉长期居住在日本，在我国还有 4 种：白颈长尾雉产在东南各省；黑颈长尾雉只生在云南省；黑长尾雉居住在我国台湾；白冠长尾雉生长在华北。除最后一种属于国家二级保护动物外，其他 3 种都是国家一级保护动物。

白颈长尾雉这个名字好像是根据雄雉起的，因为雄雉脖子侧方才是灰白色的，而雌雉的喉和前颈不是白色，甚至是黑色。它们身长 0.8 米左右，体重 500～1100 克。上背、胸、两翅长有栗色羽毛，下背和腰足是黑色羽毛，全身羽毛带有白斑，长尾呈灰色并有宽阔的栗色斑，腹部是白色羽毛。白颈长尾

白颈长尾雉

雉这身"打扮"好似穿了一身花衣裳。

生儿育女

每年 4 月至 6 月的繁殖季节,雄白颈长尾雉可是活跃分子。为了得到雌雉的倾慕,它会做出各种姿态给雌雉看:它鼓动两翅高举在空中,并发出"咯柯——咯柯——咯柯"的急叫声。雌雉好似怕羞的姑娘。雄雉围绕着雌雉旋转,直到雌雉被感动了,接受它的求爱为止。

雌雉同雄雉"结婚"后,会很快离开雄雉,找一块安静的地方去"生儿育女"。雄雉找不到"妻子",又去追求别的雌雉。就这样,雄雉在繁殖期内会有好几个"妻妾"。

雌雉每次产卵 5 ～ 8 枚,经过 24 天左右的趴窝孵化,雏雉破壳出世,体重约有 25 克。这时,雌雉会精心地照料自己的"孩子"。说来也快,雏雉两年就"长大成人"了,它们也会成家立业,传宗接代。

白颈长尾雉成对或成小群地活动在海拔一二千米高的山地丛林中,人们偶尔在稀疏松林、茂密竹丛中及灌木间也可以看到它们。它们的种族观念好像很强,很少同其他雉类混杂在一起,以豆荚、种子、浆果、嫩叶等为食。它们胆子小,很少鸣叫,善于奔走和飞翔,所以很难被发现和捕捉。但由于敌害较多以及人类生产的开发,它们在野外的数量日渐稀少。19世纪70年代,白颈长尾雉曾被运往巴黎,在欧美动物园里都有过展出。

白颈长尾雉被国际自然保护联盟列为一级濒危种类,在"国际贸易公约"中是第一类禁止贸易的动物。

"义务气象员"黑颈鹤

姗姗来迟

匿影藏形在大自然中的黑颈鹤，于1876年才被一位探险家在我国的青海湖发现。在15种鹤中，它是最后被发现的，至今才100多年。其他的鹤早已被人类驯养，比如丹顶鹤，2000年前人们就已开始饲养它了。黑颈鹤就像娴静的少女，姗姗来迟。它与众不同，只在海拔2500～5000米的高原上生活，成了独一无二的高原鹤。

黑颈鹤身高1.2米左右，体重4～6千克，身披灰白发亮的羽衣，从头到整个脖子是黝黑的羽毛，如同少女戴着黑面纱，围着黑色围巾；头上的丹顶虽然没有丹顶鹤鲜艳，但在黑色头部的映衬下显得光彩夺目；金黄色的眼后白斑，如同涂上白粉，双翅上的黑色飞羽和黑色尾羽，如同穿上了一件黑裙；蜡黄色的长喙和黑色的长脚相互衬托，越发显得它体态俊秀，婀娜多姿，如高原雪莲，亭亭玉立。

黑颈鹤分布于我国四川、云南、贵州、西藏等地。它们的繁殖地在青藏高原，越冬地在云贵高原。每年3月至4月，黑颈鹤离开越冬地返回青藏高原，所以当地人说它们："不喝清明的水，不吃清明后种的庄稼。"它们中有的是"多年夫妻"重返故里,还是占据自己的旧巢;有的是"新婚夫妻",寻找新领地建巢。所有成对的黑颈鹤都有自己的领地,未成年的则自由自在地活动。它们同灰鹤为伍,受到惊扰时,灰鹤先起飞,被惊扰得厉害了,黑颈鹤才飞起。黑颈鹤究竟是胆大还是反应迟钝,还是利用灰鹤的高度警惕性,请它们当警卫员呢? 这还是一个谜。

黑颈鹤不但讨人喜欢,而且是"义务气象员"。清早,人们通过它们的鸣叫声可以辨别天气的阴晴,所以当地群众管它们叫"神鸟"。

它们的繁殖周期相当紧张:5 月初搭窝,5 月中旬产出 2 枚卵,然后夫妻轮流趴窝孵化,6 月中旬雏鸟出壳。雏鸟虽然能蹒跚走路,但很不稳,必须由父母耐心照料和护理。子女之间如果合不来,还经常打架,非啄个你死我活才肯罢休。因此,双亲带两个儿女共同生活的场面还未见到。

8 月,幼鹤开始练习飞行。9 月至 10 月,秋天到了,黑颈鹤带着自己的孩子,由它们的小家族为一群,排成"一"字形、"V"字形、"人"字形的队伍,搏击长空,飞越万水千山,兵分三路:一路向东南到贵州草海过冬;一路向正南到不丹过冬;另一路奔正东到雅鲁藏布江中游过冬。

冬天,食物不那么丰富,它们就白天不停地觅食,以植物根茎、种子、昆虫、螺、虾、鱼、蛙等为食。

加紧研究　填补空白

黑颈鹤是后起之秀,为了搞清它们的数量,青海省农林局组织了一个调查组,从 1978 年到 1979 年,对全省 16 个县进行了调查,发现了 271 只黑颈鹤,其他县也都有,经过调查组推算,全省共有 1100 只。

在云贵高原越冬的黑颈鹤,云南省香格里拉县的纳帕海有 50～60 只,贵州威宁县的草海有 300 来只,雅鲁藏布江河谷有 400～500 只。再加上四川北部、西藏南部、新疆西部发现的黑颈鹤,总共有 1000 多只。

人们发现黑颈鹤的时间太短了,以至对它们的生活习性、特点还没有完全掌握。比如在云贵高原越冬的黑颈鹤是否就是青藏高原繁殖地的黑颈鹤？它们是怎么迁徙的？有什么规律？种群动态及生态习性怎么样？为了尽快了解这些情况，全国鸟类环志中心和贵州科学院生物所以及草海生态站的科学工作者们于1986年1月26日在草海对黑颈鹤进行了环志及放生工作。科学工作者们为黑颈鹤戴上了金属脚环和塑料彩环，这样在野外无须捕捉，就可以观察到黑颈鹤。同时他们拍下了一部电影——《黑颈鹤之乡》，记录了黑颈鹤越冬后返回家乡的活动情况。

黑颈鹤分布地狭窄，繁殖率低，再加上敌害和人为的破坏，野外的数量增长很慢。国家除了投资建立自然保护区和严加管理，还在人工饲养下对黑颈鹤展开研究，并取得可喜成绩：1986年7月中旬，西宁市动物园孵出了两只纯种黑颈鹤，填补了人工饲养条件下繁殖黑颈鹤的世界空白。

1987年6月26日，北京动物园用人工授精的方法，使黑颈鹤繁殖成功，这一科研成果震惊了全世界。同时，北京动物园还采取措施，使一只雌鹤产下7枚卵，打破了一只黑颈鹤只产两枚卵的纪录，为今后研究黑颈鹤积累了宝贵经验。

多姿多彩的鹤类

1985年，我国将一对黑颈鹤运往美国威斯康星州巴拉布市的国际鹤类基金会总部，换回了黑冠鹤、冠鹤、南非蓑羽鹤、肉垂鹤、赤颈鹤、沙秋鹤、澳洲鹤各一对。这么一来，中国和国际鹤类基金会都拥有世界上的15种鹤了。

除了丹顶鹤、白鹤、黑颈鹤外，我国还有赤颈鹤、白头鹤、白枕鹤、蓑羽鹤、灰鹤、沙丘鹤共9种，前5种是国家一级保护动物，后4种是国家二级保护动物。

赤颈鹤是鹤科中体型较大、世界上数量比较多的鹤种，但它只有少数在我国云南南部过冬。

白头鹤是一种小型的鹤，在我国长江下游各省过冬。由于栖息地较少，且遭到破坏，国家已加强对它们的繁殖地、迁徙途经地及越冬地的保护。白头鹤容易饲养，但难于繁殖。

白枕鹤是具有很高观赏价值的鹤，在江苏、安徽等省过冬。它们警惕性高，数量很少。1986年，白枕鹤在黑龙江扎龙自然保护区的人工饲养下繁殖成功。

蓑羽鹤是鹤科中最小的一种，在南方各省越冬，在北方繁殖，不营巢，通常将卵产在盐碱地上。

灰鹤是中等体型的鹤，在长江以南过冬，到新疆、黑龙江等地繁殖，栖息地广，羞怯怕人。

各种鹤类都有它们的特点，它们都将在国家的关怀和人民的保护下，与人类共存，不断发展。

能歌善舞的丹顶鹤

世界上共有 15 种鹤,而我国就拥有 9 种。这些鹤仪表雍容华贵,举止潇洒自然,叫声清脆悦耳,古今中外的文艺作品中都有它们的动人形象。它们中,名气最大的要数丹顶鹤。

雍容潇洒的仪表

自古以来,人们就对丹顶鹤很熟悉:高高的个儿,足足有 1.2 米以上,全身羽毛洁白如雪,黝黑的飞羽覆盖在尾羽上,如同少女的白连衣裙被镶上了一个黑裙边,显得高雅别致;它的面颊、喉和颈部一部分为暗褐色,好似戴着面纱,围着黑围巾;一双圆豆般的眼睛,明亮有神;淡绿灰色的长喙,犀利如剑;纤细的双腿、撑开的双脚,总是迈着有节拍的步履,昂首挺胸,显得那么落落大方。特别是它裸露的头顶上,长着一个火红的肉瘤,别的鹤头顶上虽然也有肉瘤,但都没有这种鹤的这么大,这么红,因此,人们叫它"丹顶鹤"。

古人刘得仁的《忆鹤》诗中,就有"白丝翎羽丹砂顶"的诗句。古书中也曾写有"白羽、黑翎、丹顶、绿喙",这是对它形象的概括。

据说,丹顶鹤能活到 50～60 岁,最高可以超过 80 岁,是吉祥长寿的象征,所以,很多作家、画家、诗人都把它作为歌颂和赞扬的对象。

鹤鸣于九皋，声闻于天

丹顶鹤常常成双成对地出现在沼泽、洼地、湖边、海滩等浅水处，自由自在地漫步、觅食，在地面上休息。由于鹤爪短，它们从不上树，古人说它们"行必依洲屿，止不集林木"是有道理的。

丹顶鹤的喙、颈都很长，能用长喙准确地捕食蠕虫、甲壳类、鱼、蛙以及水草和谷类等。它们的颈长，气管自然也跟着拉长，而且突入胸部，回环盘曲于胸腔之中，好像西洋管乐器中的圆号。因此，它们的鸣声特别响亮，能传到几千米以外。《诗经》上就有"鹤鸣于九皋，声闻于天"的诗句。

它们可不像其他鸟，大部分鸟都是雄鸟羽毛华丽，雌鸟暗淡一些，而雌雄丹顶鹤的外形几乎一样，很难区分。动物学家们则根据它们的叫声和动作来区分。雄鹤叫的时候，举颈昂头，嘴指向蓝天，双翅高举（不全展开），发出连续的单音；"夫唱妇随"，雌鹤马上将喙平伸，两翅不高举，发出间断的双音节，声音没有雄鹤洪亮。

丹顶鹤不仅能歌，而且善舞，特别是当它们求偶的时候，经常对歌对舞，给大自然增添了活力。古人养鹤也有训练它们跳舞的事例。如《山家清事》中说："欲教以舞，俟其馁而置食于阔远处，拊掌诱之，则奋翼而唳，若舞状。久之，则闻拊掌而必起，此食化也。"这么生动的描写，说明我国古代的人们就知道利用"条件反射"法训练动物了。

夫妻情深 幸福家庭

丹顶鹤分布在日本、朝鲜、俄罗斯等地，但主要分布于我国。它们繁殖于中国东北的松嫩平原，冬天到长江中下游和台湾等地越冬。每年春风刚刚吹拂大地的时候，妖娆的北国还没有完全脱去银装，丹顶鹤双双从南方回到北方,准备生儿育女。

丹顶鹤是"一夫一妻制",夫妻感情亲密无间,如果失掉了一方,留下的一方就会悲痛欲绝、失魂落魄。曾经在东北某村,有一位青年大清早去亲戚家串门,在一个林边听见鹤的惨叫声,于是他循声寻找。走到树林尽头,他见湖边有一只丹顶鹤腿受伤站不起来了,于是马上把它抱起来,丹顶鹤却还是朝着远处不停地叫,当时这位青年还以为它因腿伤而叫,想赶快抱走给它治伤,可丹顶鹤叫得更惨了,而且想挣脱。这时,他又顺着它的叫声和眼神向远看。啊!原来湖面上还有一只丹顶鹤已经被冻死了,难怪它这样悲叫。青年很受感动,决心找医生把这只丹顶鹤的腿伤治好。由此可见,丹顶鹤的夫妻之情多深啊!

平时,它们夫唱妇随,形影不离。特别是在发情交配季节,丹顶鹤夫妇的感情发展到了高峰,每天早晨开始"二重唱",它们翩翩起舞,一天到晚处在欢乐中,好像在庆祝和欢呼"小宝贝"的到来。它们寻找水草的茎、叶、芦苇和木

丹顶鹤

棍等物,在有较高芦苇等植物作屏障的地方筑巢。

一般丹顶鹤的爱情都很坚贞,但也有极少数的雄鸟不那么规矩。如扎龙自然保护区曾经有一只叫"白脖"的雄丹顶鹤"婚变"四次,这可算丹顶鹤中的"花花公子"了!

丹顶鹤夫妇共同筑巢,巢很简陋,形状像一个大圆盘。雌鹤产下两枚卵,夫妻俩轮流孵化。经过 30 ~ 33 天,雏鹤破壳而出,夫妻俩高兴极了,它们欢腾跳跃,展翅起舞,把小鹤视如掌上明珠,左右保卫着自己的孩子。雏鹤是早成鸟,出壳两天就能随父母漫步觅食,学着父母的样子,梳理羽毛、找食、跳跃、展翅,三个月就学会了飞翔。

丹顶鹤夫妇带领自己的两个孩子,在自己的领地内活动,从不同任何家族来往,哪怕本家成员也不例外。如有鹰、雕等来袭击,机警的丹顶鹤夫妇会腾空而起,奋力还击,直到把敌人赶走,才得胜回巢。全家四口,双亲护育着孩子们,孩子们围在双亲身边嬉戏玩耍,欢乐无比,真是一个幸福的家庭。

日月如梭,转眼就到了秋高气爽的时节,丹顶鹤夫妇准备带孩子南迁了。它们在湖边、沼泽、海边浅滩地,一遍又一遍地漫步、觅食,好似不愿离去。秋末,寒风习习,水面结了薄冰,草儿也枯黄了,别的南迁鸟已经动身,丹顶鹤这才带领儿女告别故乡,向南方飞去。

愉快的集体生活

冬去春来。又一个春天来了,丹顶鹤又携儿带女飞回故乡。儿女们虽然跟随父母回来,父母却不让它们进"家门"。这是为什么? 原来双亲又要生养小弟弟小妹妹了,父母嫌它们在跟前碍事,所以狠狠心把它们啄出门外。小丹顶鹤刚满一岁,头上的"丹顶"还没长出来,怎能离开父母? 它俩再次回到父母身边,想让父母留下它们。丹顶鹤夫妇一看它们又回来了,好似嫌它们没志气、没本事,因而更加生气,于是连啄带打,又把它们赶出家门。

小丹顶鹤们再也不敢回去了,它们好像很痛苦,漫不经心地在沼泽、湖边等地朝前走着。突然它们看到前边有不少的小丹顶鹤在快乐地嬉戏。原来它们也是被驱赶出来的，它们中有的刚满一岁，也有两三岁的。它俩很快加入群体，过上了集体生活。等它们长到五六岁，成熟了，也会离开群体去"恋爱""结婚""生儿育女"。

丹顶鹤是我国一级保护动物，我国对丹顶鹤很注意保护，在东北松嫩平原、黑龙江齐齐哈尔东南 27 千米乌裕尔河地区建立了扎龙保护区，在江苏省沿海滩涂建立了珍禽自然保护区。据专家调查，生活在我国的丹顶鹤已发展到 1000 多只。丹顶鹤能耐寒，如果解决了它们冬季的食物问题，让它们大量繁殖，也许它们会长年留下来，不再千里迢迢去南方过冬了。

高雅俊逸的白鹤

鹤类早在 4000 万年前的始新世就出现在地球上，比人类早得多。那时鹤类有 30 多种，由于地理的变迁，生态环境的破坏，幸存下来的鹤类只有 15 种。它们都按照各自的"生活方式"，在生死线上拼搏着，以保证自己的种群延续下去。

风度翩翩

白鹤和丹顶鹤一样，是备受人们喜爱的高雅俊逸的大鸟。历代文人视它为珍爱之物，留下了许多赞美的诗篇。它全身羽毛洁白如雪，因而被人称为"白鹤"。它展翅飞翔时，黑色的初级飞羽显露出来，所以又有黑袖鹤之称。它的头额、面部是深红色，好似喝多了酒；一对明亮的黄眼球上长着黑瞳仁，显得十分机警；淡红色的长喙，似短剑；一对淡红色的腿，好似穿着漂亮的长丝袜。这些红色部位同它全身洁白的羽毛相互映衬，红装素裹，非常招人喜爱。

白鹤不仅形态优美，而且站立和走路时都是风度翩翩、英姿飒爽，即使是展翅高飞，搏击长空的姿势也十分动人。它歌唱起来，声短音弱，频率高，富于音韵，悦耳动听。难怪高风亮节、隐居杭州西湖孤山的宋代诗人林逋要以梅为妻、鹤为子了。可惜的是，现在的孤山放鹤亭旁梅花依旧，鹤却一去不复返了。

濒临绝境

人类活动的不断开发,使一些本来是鸟类栖息地的沼泽、湖泊、海边变成了耕地,鹤类无家可归,无处取食,很多白鹤死在猎人的枪口下。再加上天敌多,白鹤的家族面临灭绝的危险。那时,白鹤"生儿育女"繁殖后代的西伯利亚地区只有东西两个繁殖种群,东部群体有 200 只,西部仅有 20 多只。每年暮秋时节,白鹤都要南迁,经过我国东北、河北到江西鄱阳湖地区,以及印度西北部和伊朗等地越冬。据印度报刊报道:1983 年仅有 36 只白鹤回到越冬地,而回到伊朗的仅有 5 只。

我国科学工作者曾于 1953 年冬在安徽省安庆地区收集到两个标本,却始终未发现白鹤的越冬地。

人工饲养下的白鹤更是寥寥无几,据 1980 年的一项统计显示,当时世界上只有 10 只白鹤是人工饲养的。我国于 1983 年才有 5 只人工饲养的白鹤,北京动物园 3 只,沈阳动物园 1 只,大连动物园 1 只。

白　鹤

哪个动物园有了白鹤,哪个动物园就如获珍宝,视白鹤为掌上明珠,为它们建筑宽敞幽静的活动场地,派有经验的饲养员"侍候"它们。然而,它们很胆小,稍遇点情况就会惊得乱撞。北京动物园里的一只白鹤就曾因为受惊,一腾飞,将长喙别进笼网眼里,把长喙别坏,幸亏兽医及时为它夹板固定,饲养员每日为它填食,它才终于存活下来。

起死回生

我国建立了很多自然保护区,很多鸟类都回来了。1980 年冬,91 只白鹤群体出现在江西省鄱阳湖畔,这激动人心的消息引起了世界生物学家、学者们的关注。1981 年鄱阳湖畔的白鹤增加到 140 只,1984 年 840 只,1986 年 1 月达到 1350 只,国际鹤类基金会观鸟团于 1986 年初到鄱阳湖观察,看到了世界上最大的白鹤群,他们高兴地喊道:"发现巨大的金库了!"原来他们以为全世界总共只剩 300 多只白鹤了呢。同年 10 月 20 日,首批 340 只白鹤飞回来时,正巧世界野生动物基金会名誉主席、爱丁堡公爵菲利普亲王到这里来参观,当地负责人告诉他:每年 10 月到翌年 3 月,有 150 种、共计 10 万只珍禽会飞来这里,其中白鹤多达 1500 只。

过去白鹤数量少,它和丹顶鹤同样属于我国一级保护动物,但它比丹顶鹤更稀有,处境更危险,所以国际自然保护联盟把丹顶鹤列为二级稀有濒危动物,却把白鹤定为第一级。

除了敌害和人祸,白鹤自身的繁殖能力也比不上其他鸟类。鹤类一般一次只产两枚卵,而孵化出的雏鸟又彼此不和,互相猛啄,直到将对方啄死为止。雏鸟攻击性太强也是影响它们家族繁盛的一个原因。

不仅我国十分保护白鹤,世界各地也都十分保护这种珍禽,1985 年 9 月 8 日,巴基斯坦发行了一套特种邮票,动员社会保护这种珍贵动物。德国巴伐利亚州特地用青铜制作了一座鹤的纪念碑,提醒人们保护大自然中的这一珍稀物种。

但愿这种珍禽能永远与人类同在。

多情的大嘴鸟——犀鸟

奇妙的大嘴

大自然造就的物种形形色色，各有千秋。我国热带森林中生活着 4 种大嘴鸟，它们被统称为犀鸟。如果想去野外一睹它们的"尊容"，那可是件难上加难的事。不如走进动物园，站在犀鸟网栏前，你就能一目了然。这 4 种犀鸟分别是双角犀鸟、棕颈犀鸟、冠斑犀鸟和白喉犀鸟，它们不论身材大小，都长着一张醒目的黄色的大嘴，大嘴样子很像犀牛的角，所以它们就得了犀鸟这个名字。当地人管它们叫大嘴鸟或巨嘴鸟。

这 4 种犀鸟如同稀有珍宝，它们中的双角犀鸟嘴大身长，身长最长可达1.28 米以上，嘴长约 30 厘米，可以算得上犀鸟中的老大了；其次是棕颈犀鸟，身长比双角犀鸟略小，有 1.22 米左右，可排第二；再有冠斑犀鸟，体长 70 多厘米。最小的是白喉犀鸟，身长约 68 厘米。它们大嘴的基部上方，还有一个角质突起叫盔突。双角犀鸟的盔突又大又宽又平，好像遮阳帽，侧面一看好似双"角"，所以它得了"双角犀鸟"这个名字。

有的犀鸟在嘴和盔突上还有各种纹饰，这可要数棕颈犀鸟独占鳌头，在它的嘴基部二分之一处，两侧各有 5 ～ 6 道几乎垂直的黑斑带，非常醒目。冠斑犀鸟盔突上缘和两侧都有黑色带状斑纹,动物学家们可以根据斑纹的大小和深浅来判断它的年龄和性别。白喉犀鸟的嘴和盔突显得轻松灵活,这里的奥妙是什么呢? 原来它们大多数是角质的微孔结构,嘴里还有骨条作支柱,所以又轻又结实。它们用大嘴摘浆果、剥坚果、捕鼠捉虫、击破龟壳、衔泥筑巢,甚至抵御敌人,都轻巧自如。

多情的夫妻

我国的犀鸟都栖息在热带雨林或亚热带常绿阔叶林中。3～6只犀鸟结成小群,居住在高大的树林中,它们站在高枝上,一双长着又粗又长的睫毛的眼睛不时地东张西望。犀鸟的眼睛长有睫毛,这在其他鸟类中是罕见的。它们只要一发现可疑情况,立刻发出"嘎克——嘎克"的声音飞走,声音大的要数双角犀鸟和冠斑犀鸟了,其叫声哪怕在1.5千米外也能被听到。白喉犀鸟没有它们的声音大,但声音很不柔和。

犀鸟像飞机起飞似的,一只接一只地飞起。它们的飞行姿势仿佛行舟摇橹,波浪式地前行;迅速鼓动的双翅发出巨大的响声,似鼓风机,鸟未到而声音先至。因为它们滑翔时头颈前伸,很像一架小飞机,所以广西群众叫它们"飞机鸟"。

它们早晨和黄昏离开居住地出来觅食,以野果、昆虫、小鸟、老鼠和蜥蜴为食。它们吃食的样子

犀 鸟

才有意思呢，和演员表演特技一样，先把食物抛向空中，张开大嘴准确地接住，然后一吞而进。白天它们就在高高的树上休息养神。

每年二三月间，是它们生儿育女的时期。雌性犀鸟先在林中找来找去，选择一棵离地十几米高的参天古树，然后在被白蚁蛀蚀或因天长日久腐蚀的大树洞里做窝，或者找悬崖峭壁上的石洞或石缝做窝，它们把洞加以修整，铺上干草、羽毛，雌鸟住了进去，从胃里吐出一些胶状分泌物，混合着腐木和植物种子，将自己封闭在里边。与此同时，雄鸟在洞外，用湿土、碎枝、果实残渣等将洞口封闭，只留下一条垂直的裂缝，免得猴子、蛇类和其他动物来侵害。一切准备就绪了，雌鸟安静地在"密室"内产下 1～4 枚卵，进行孵化。

"妻子"在"室内"趴窝孵卵，可忙坏了"丈夫"，它们千辛万苦，四处奔忙，寻找坚果、浆果、青蛙、小鼠等，储藏在砂囊内层形成的口袋里，飞回去将食物喂在"妻子"伸出的嘴尖里。水呢？雄鸟可没法运，雌鸟好像很体谅雄鸟，从来不要水喝。住在动物园里的犀鸟春末、夏、秋都在室外栏网内活动，冬天则进入暖室，饲养员从来没见过它们有喝水的习惯，看来它们需要的水分不多，从食物中吸取就够了。

雌鸟在"密室"内将雏鸟孵出，同时自己完成脱羽任务，等小鸟能飞了，雌鸟才同雏鸟一起破门而出。在这 1～2 个月的时间里，小鸟长胖了，雄鸟却累得骨瘦如柴，甚至有的还会因劳累过度而死亡。真是可怜天下父母心。

犀鸟夫妻感情很深，如果一方不幸死了，另一方就会悲痛哀鸣而死。它们这种互爱互帮互怜的精神令人们钦佩不已，因此它们得到了"钟情鸟""多情鸟"的美名。

家鸡的祖先——原鸡

家鸡的祖先

人们在餐桌前吃着营养丰富的鸡蛋，品尝着美味的鸡肉，可曾想到过家鸡的野生祖先就是原鸡？它们现在仍然生存在大自然中，成了科学研究的活标本。

原鸡身材小巧玲珑，体重只有 800 克左右，除了个头胖瘦比家鸡差点，凡是家鸡具备的特点它都有。例如：雄家鸡羽毛华丽，头顶上有红色肉冠，喉下有一个或一对肉垂；颈和腰的羽毛像长矛，叫作矛翎；体羽黑色，带有各种金属光泽；脚长而强健有力等。所有这些体征，原鸡虽然没有那么发达，但都具备。特别是雄原鸡背羽呈橘红色，比雄家鸡还漂亮。动物学家依据它们的毛色为它们起了个学名叫"红原鸡"。

现生存有 4 种原鸡，除了产在我国的红原鸡，还有绿领原鸡、灰纹原鸡和蓝喉原鸡。

原鸡的家乡本来在热带、亚热带林区，现在在我国云南、广西南部和海南岛海拔 2000 米以下的地带"安了家"。它们好像闯江湖的，适应能力很强，不论是板栗林、次生竹林、阔叶混交林，还是稀疏的树林和灌木林，它们都可以在里面生活。它们胆大时，敢跑到村庄附近的耕地上去觅食，甚至混进家鸡群和家鸡攀亲"留种"；它们胆小怕人时，一有风吹草动，就立刻急速地沿着直线飞，一口气可以飞 200 米远。也难怪它们这样警惕，因为它们的天敌太多了。林猫、黄鼬、雀鹰、隼、鸮等都能要它们的命，原鸡练就的这点"硬功夫"，完全是为了保命。

平时，它们 3～5 只结成小群，10～20 只结成大群，黎明即起，到林间觅食。它们一边走，一边用嘴扒开泥土，寻找植物种子、嫩芽、昆虫幼虫和蠕虫为食。它们觅食的时候总要到溪流里去喝点水，好似要在吃食之前清理一下胃肠。原鸡和家鸡一样，也要吞食一些沙砾。

每年 2 月开始，原鸡的"婚期"到了，它们可不像家鸡那样采取"一夫多妻制"，而是实行"一夫一妻制"。到三五月份，雄原鸡之间经常展开格斗，斗得头破血流，胜利者洋洋得意，带着伴侣去"生儿育女"。雌原鸡每次产下 6～8 枚卵，最多能产 12 枚，"夫妻"双双轮流趴窝孵化。当"丈夫"的经常陪伴"妻子"一块去觅食。遇到蛇、蜥蜴，或是小的食肉动物威胁卵和小雏的安全时，它们会奋勇战斗。可是当它们的"孩子"长大了，它们就分道扬镳，各走各的了。

"一唱雄鸡天下白"，雄原鸡也和雄家鸡一样喜欢鸣叫，但雄原鸡声音比较短促，好像"茶花两朵"，所以云南人民叫它"茶花鸡"。它们很勤快，早上三四点钟就开始啼鸣，相互呼应，形成大合唱。据说人类在 3000 多年前驯化原鸡，主要是让它们报晓，吃蛋吃肉还是次要的。现在人们养着肉鸡、蛋鸡、药用鸡等，都是人类长期选择、培育的结果。

由此可见，家鸡是原鸡的后代，这是无疑的，被大家公认的。它们不仅体形、羽色、鸣声等极其相似，而且从考古资料上可以看到，它们的分布（古代分布到华中）和驯养地点也很相近。

印度传来的吗

达尔文认为，我国的家鸡是从印度传来的。1868 年他在《动物和植物在家养下的变异》一书中说："在印度,鸡的被家养一定是在《摩奴法典》完成的时候,因为法典中载有只许杀食野鸡,禁止杀食家鸡……法典的完成是在纪元前 1200 年……纪元前 800 年。"又说:"如果古代的中国百科全书是可以信赖的话,那么鸡的被家养还要提前几个世纪,因为在该书中曾说到,鸡从西方引进到中国是在纪元前 1400 年。"

达尔文说的中国百科全书可能是明嘉靖、万历年间,王圻、王思义撰写的《三才图会》。这部书中说:"鸡有蜀、鲁、荆、越诸种……鸡西方之物,大明生于东,故鸡人之。"这里所说的"西方",显然是指蜀(四川)、荆(湖北)。或者按照中国十二生肖的说法,鸡属西,西所在方位为西。"大明"指太阳,太阳出于东方,古人认为太阳里的黑子是三足乌或鸡。所以总体来说,鸡由西向东发展,并不是说鸡是从印度传到中国的。根据我国史前文化遗址发掘出来的动物遗骨来看,我国老早就有了鸡。例如公元前 4800 年至公元前 4300 年的西安半坡遗址中就发现了鸡的遗骨;公元前 2750 年至公元前 2650 年的屈家岭遗址中发掘出了陶鸡;公元前 3900 年至公元前 2780 年的三门峡庙底沟中还发现过鸡的大小腿骨及前翅骨。殷商时代的甲骨文里,已经有了"鸡"字。周代《诗经》里,"鸡"字就更多了。

大量的事实说明,原鸡最早是在我国被驯化成家鸡的,或者至少是在中国和印度各自进行驯化的。奇怪的是人类只驯化了红原鸡,并把它发展到今天的几百个家鸡品种,而另外 3 种原鸡却没动静,其中的原因有待科学家今后再去研究、探索。

原鸡虽然只被列为国家二级保护动物,但是它是家鸡的祖先,在学术上具有一定的意义。野外的原鸡数量越来越少,因此,认真保护这种动物也是理所当然的。

水禽中的佼佼者——鸳鸯

华丽的外衣

鸳鸯是人们熟悉和喜爱的禽鸟。它们长得美丽、机警,是水禽中无与伦比的佼佼者。

雄性鸳鸯身长约 43 厘米,就这几十厘米的身子,从头到尾、从背到脚,五颜六色。它的前额是金绿色,后脑是红铜色,一撮向后伸出的蓝绿色的羽冠,好似留着时髦的发型;棕色的双眼外围还有黄白色环,眼后上方有白色眉纹,这么一副脸谱再配上鲜红色的嘴,真让人拍手叫绝,连脸谱色调最多的花脸鸭也得自叹不如。金黄色的喉部,橄榄绿色的颈和胸部,两侧黑白交错,特别是那橙黄而带有黑边的三级飞羽,向上弯立成扇形,好似船帆,所以叫帆羽。鲜黄色的双脚长着黑色的蹼,洁白如雪的腹毛,外层光滑不透水,内层纤细而能保暖。相信雄鸳鸯这么一身五颜六色、绚丽而和谐的漂亮"打扮",来到雌鸳鸯面前炫耀求爱,是不会遭到拒绝的。

雌鸳鸯呢? 它比雄鸳鸯体型小。它身着苍褐色背羽,腹部纯白色,一点鲜艳的色彩也没有。没有羽冠,没有帆羽,没有一点多余的装饰,它落落大方地游在水中,雄鸳鸯追呀,戏呀,不断显耀自己的美丽,以求得到雌鸳鸯的芳

鸳　鸯

心。雌雄鸳鸯的这身差别，不是大自然厚此薄彼，相反，倒是大自然对雌鸳鸯的照顾，免得它在伏巢孵卵的期间被敌害发现。雌鸳鸯的这身朴素的"打扮"就是它的保护色。

不过，雄鸳鸯的"华服"并不是一成不变的，而是随着季节而变化，过了"婚期"它的羽毛会逐渐变成淡色，甚至变成灰色，慢慢地再也没有吸引雌鸳鸯的地方了，不知道的人还以为它变成了雌鸳鸯了呢！

千古佳话

鸳鸯不但因其美丽的外表而吸引人们的目光，而且它们那成双成对形影不离的活动场面，被认为是甜蜜爱情的象征，成了诗人、剧作家和画家的创作素材。古诗中写道："南山一树桂，上有双鸳鸯，千年长交颈，欢爱不相忘。"我国最早的诗集《诗经》里也有歌颂鸳鸯的诗句。《本草纲目》描写它们"终日并游……雄鸣曰鸳，雌鸣曰鸯"。3000多年来，我国描写鸳鸯的诗词歌赋、传说故事以及绘制鸳鸯的国画、丝绣，真是举不胜举。

汉晋诗人以鸳鸯比喻兄弟友好、才华出众，《古今注》上称它们为匹鸟，传说它们双飞双宿，永不分离，"头白成双得自如"。在封建社会婚姻不自由的情况下，鸳鸯的形影不离引起了文人墨客的羡慕。如唐初卢照邻就有"得成比目何辞死，愿作鸳鸯不羡仙"的诗句。戏剧《天仙配》中，七仙女深情地唱出"你我好比鸳鸯鸟，比翼双飞在人间"的心声。《淮安府志》上还记载了一个有声有色的故事，说是明成化六年十月间，一个渔夫在盐城大踪湖捉到一只雄鸳鸯，切好放在锅里煮，雌鸳鸯随船飞鸣不去。当渔夫揭开锅盖的时候，它毅然投入沸汤中，以身"殉节"。

在封建社会，人们渴求自由爱情的心愿是可以理解的，但鸳鸯的爱情并非像人们想象的那样忠贞。它们不像鹤类有永久性的配偶，只是在发情交配期间，才会成双成对、形影不离，"生儿育女"的事则完全由雌鸳鸯承担。在这段时间里，雌鸳鸯是很辛苦的，为了趴窝孵化，几乎每日只吃一顿饭，幸亏雏鸟是早成鸟，出壳不久就能随母亲在小溪边活动和觅食了。

遇到敌害时，鸳鸯妈妈马上急叫"嘎、嘎嘎……"雏鸟听见母亲的"警报"声，赶快分散躲进草丛或树洞里。鸳鸯妈妈为了保护儿女不受侵害，还要佯装受伤，把敌人引开，等敌人走了，它很快飞回来，儿女们也都出来聚集在它的身边。可是雄鸳鸯从不过问这些事情，鸳鸯"夫妇"中如果一方死了，另一方就另找对象，根本没有"从一而终"的事。

保护鸳鸯

鸳鸯属雁形目鸭科，它们和其他野鸭是堂兄弟，有着类似鸭一样的"生活方式"。每年三四月，它们飞到内蒙古、东北繁殖。吉林长白山北麓的头道白河是著名的鸳鸯繁殖地，被称为鸳鸯河。它们在树洞里筑巢，通常每次产卵7～12枚。雏鸟和小鸡一般大，披着乳黄色绒毛，像小绒球。鸳鸯妈妈带它们在溪边寻找昆虫、小鱼、小虾为食，偶尔也吃些草籽、稻谷、青苔等。秋天了，雏鸟长大了，它们在妈妈的带领下随着20多只鸳鸯组成的群体飞到华东、华南去过冬。它们非常机警，一旦发现有危险就马上起飞。

鸳鸯由于羽毛漂亮，过去被大量捕捉出口，导致其数量不断下降。现在，国家已把它们列为二级保护动物。福建屏南县有一条白岩溪，长11千米、宽50多米，是鸳鸯过冬的天然"乐园"，每年都有上千只鸳鸯到这里过冬，因此，人们称它为鸳鸯溪，并在此建立了"鸳鸯自然保护区"。

鸳鸯是候鸟，但在云南、贵州等省有天然宝地，少数鸳鸯长期定居在那里，成了留鸟。

随着科学的不断发展，人们越来越认识到保护野生动物的意义。在人们的保护下，鸳鸯这种美丽的禽鸟家族不断发展壮大，为大自然增添了新的生机。

园林之花——锦鸡

明、清两个封建王朝统治时期，文武百官在盛典、祝寿、登基等大型活动时，都身穿绣有珍禽异兽图案的朝服，从这些图案中就可以看出官职和品位。仙鹤为一品官服饰，锦鸡为二品官服饰，孔雀为三品官服饰……由此看来，锦鸡是仅次于鹤而高于孔雀的珍禽。

锦鸡有一身华丽的艳羽，再加上那精神灵巧的动态，不仅在封建王朝中受宠，而且可以说从人们发现它们之日起到现在一直深受许多人的喜爱。

花团锦簇

锦鸡是世界上最美丽、最著名的鸟。我国有两种，即红腹锦鸡和白腹锦鸡。红腹锦鸡和白腹锦鸡分别于 1740 年、1829 年就已"出国留洋"了，受到欧美各国人民的喜爱，每对身价高达 800 美元，蜚声中外。

大自然造就的物种各有特色，简直妙极了，把锦鸡装扮得花团锦簇一般，好似把红、黄、蓝、绿、橙、青、紫这些美色都集中在锦鸡身上了。红腹锦鸡腹部通红，白腹锦鸡腹部银白。红腹锦鸡从额头向后长有金黄色的发冠，橙色的面颊配有一对机灵的眼睛，带有黑纹的披肩披拂到背部，一圈浓绿色背羽连着深红色、蓝紫色翅膀，黑褐色尾羽上还点缀着密密的桂黄色斑点，全身羽

红腹锦鸡

毛闪闪发光，又有金鸡、鳖雉、山鸡、采鸡之称。白腹锦鸡呢？更有特色。它的头顶、腹部及背部是光亮的翠绿色，脑后长着紫红色枕冠，白色的鱼鳞似的披肩有黑色羽缘，双翅由黄色、红色、白色、黑色协调在一起，更增添了它的美丽，长长的尾羽上有黑白相间的云状斑纹，又有银鸡、笋鸡、衾鸡等雅号。

欢度佳期

每年清明之后，就进入了锦鸡一年一度的"婚期"。雄鸡穿着这身鲜艳夺目的"婚礼服"，当旭日东升，阳光染红了山野时，它们站在高枝上昂首引颈、长歌不已，所有雄鸡都随声附和，互相呼应，此起彼落，热闹非凡。这些声音实际上是它们的领地宣言，意思是这是我的领地，谁也不能进入。如果有进犯者，就要进行一场头破血流的斗争。

然后，雄鸡下地找雌鸡共同觅食。雄鸡在人迹罕至的空地上频频向雌鸡求爱，它挺起美丽的丝状羽冠，不停地围着雌鸡转来转去，同时发出尖锐的咝咝声，上下飞跃，反复炫耀自己的华丽羽毛和长尾，恨不得马上得到雌鸡的爱。

但是，褐色装束、朴实无华的雌鸡就像个朴素的乡下小姑娘，对华丽的、疯狂的追求者熟视无睹，逍遥自在地散步觅食，甚至有躲避之意。然而，雄鸡并不灰心，反复地炫耀，疯狂地追逐，雌鸡被它追得眼花缭乱、头晕目眩，再也平静不住，只好答应了雄鸡的求爱。锦鸡是"一夫多妻制"，雄鸡会以此方法追求多只雌鸡。

雌锦鸡"婚后"不久，开始选地点自己建造简单巢室，每次产下5～9枚卵，然后专心致志趴窝孵化。为了繁殖后代，雌鸡会置自己的安危于不顾，任谁靠近它都不会动弹。即使弄得它惊飞而起，它也会先藏起来，然后再回来继续趴窝。它每日只离巢一次去觅食，到阴雨天气，一连一两天都不出巢，真是"母为儿苦"。这时候，即将当父亲的雄鸡除了每天早晚到林间觅食外，其他时间都在巢区附近活动，一旦雌鸡受惊，它会飞奔而至，连续鸣叫，以此示威。

经过21～25天的孵化，雏鸡出壳了，它们是早成鸟，出壳的第一天在母亲翼下度过，第二天就能随妈妈过游荡的生活。雌鸡边走边照看"孩子"，不停地发出"咽、咽、咽"的叫声，意思是说："快跟上。"如果雏鸡发生意外，鸡妈妈会不顾一切地进行冲杀保护。

整个夏季，锦鸡都是单独或成对活动于山间多岩而突出的台地或荒芜峻峭的山地中，出没于灌木丛或矮林间。它们昂首阔步，小心机警，每当穿过一片林间，都会先探头左右张望，感到安全后才快速进入另一片丛林中，一旦遇到风吹草动，会迅速奔逃或马上飞起。锦鸡平时以草籽、蕨类、竹笋、嫩芽、野花、昆虫等为食。

保护锦鸡

当西风瑟瑟、树叶半黄的时候，雏鸟长大了。雌鸡完成了一年一度生儿育女的任务后，锦鸡们又开始集群过起集体生活了。冬天，大雪封山，它们觅食太困难了，于是下到山麓去过冬，偷偷到农田吃冬小麦等农作物。为了求食，锦鸡们冒险闯进农田，这时，也就成了猎人捕猎锦鸡的好时节。

　　锦鸡是我国二级保护动物,有很多人觉得只有一级保护动物才是"国宝",才应受到重视,实际上,锦鸡被列为二级保护动物是因为它们目前数量比较多,分布也比较广,在我国西南、西北、华中、华南等许多地区都有它们的身影;另外,锦鸡在人工饲养下比较容易饲养、繁殖。

　　锦鸡确实是"国宝"。首先,红腹锦鸡只产在我国,陕西省宝鸡市之所以被叫作"宝鸡",就是因为附近的秦岭山脉盛产锦鸡。白腹锦鸡主要产在我国锦鸡栖息地带西南较高的山地,两种锦鸡由于是近邻,也曾发生过杂交的现象。

　　锦鸡尽管产地广、数量多,人工饲养也容易,但仍然需要保护,因为它们是很好的观赏鸟,雄鸟皮张、羽毛远销国外,可制成装饰品、工艺品。锦鸡全身可以制药,有止血解毒功能,主治血痔、痈疮、肿毒等症。人工饲养野外新捕来的锦鸡可以改良种系;所以保护锦鸡应引起重视。

"绿色王子"绿孔雀

美丽的雄孔雀

人们常说兽有兽王，鸟有鸟王。在兽类中，虎是人们想象中最威武的动物，所以历来就有"虎是兽中之王"的说法。孔雀呢？它是鸟类中最美、最有风姿的鸟，可以代替人们想象中的凤凰，被定为鸟王是理所当然的。就连小说、戏剧、舞蹈等文艺作品中，都出现了"孔雀公主"的形象。

其实，雌孔雀为了孵育后代，免遭敌害，不能把自己打扮成引人注目、花枝招展的"公主"，它一生中总是穿着朴素的带点绿色光辉的浓褐色羽服，远不如雄孔雀美丽。雄孔雀头上长着一簇直立的羽冠，形似牡丹花蕊，约11厘米长，好似王冠，这是它尊贵的象征。它身着翠绿、亮绿、青蓝、紫褐等多种色彩带有金属光泽的羽衣，最引人注目的是它那长达一米半的尾屏，尾屏由覆羽组成，羽枝细长，好像金绿色丝绒，尖端渐渐变为黄铜色，有的末梢还有眼状斑纹。雄孔雀这长长的别具一格的尾屏，平时合拢拖在身后已经是绚丽多彩了，如果打开来，好像一把碧纱官扇竖立在身后，那五彩缤纷的色彩组成一幅美丽的图案，更是华美绝伦，鲜艳夺目。因此，赞美"孔雀公主"，倒不如赞美"孔雀王子"更合乎实际。

雄孔雀

　　"孔雀王子"常常把自己的美献给别人。春光明媚的日子,正是它"求婚"的季节,雄孔雀对着雌孔雀一边舞蹈,一边把尾屏高举展开,不时地抖动尾屏,发出"沙沙"的响声,引起雌孔雀的注意和爱慕,雄孔雀每天开屏六七次,一次可达十多分钟。

　　孔雀不光是在求偶时节开屏,在遇到敌人、受到惊吓时,它也会把羽屏打开。这时候,在敌人眼里,它的身体一下子大了许多倍,成了一只多眼的怪物,敌人也就不敢轻举妄动了。

　　刚孵出三四天的小孔雀在"姐妹"们冲来时,会把短尾展开,遇到蛇类等敌人时,也会毫不含糊地把尾羽展开。

有规律的生活

　　雄孔雀就像堂堂的男子汉,它拥有自己的领地,平时带领自己的四五个"妻妾",有时也有几个儿女跟着,黎明即起,它们乘着薄雾走到湖边,先饮水,再整理羽毛,就和人早晨起床要先洗脸梳头一样。然后它们会到树林里觅食,它们最喜欢吃棠梨(川梨)、黄泡等浆果,也吃稻谷、草籽和植物的芽、苗,有时也吃点荤的如蟋蟀、蚱蜢、小蛾、白蚁等昆虫以及蛙类、蜥蜴等大点的小动物。

炎热的中午它们要进行"午休",于是就到树林荫翳的地方去休息。等到太阳偏西的时候,它们再去觅食。它们下树前会先振动振动翅膀,理理毛,长鸣几声,特别是雄孔雀,叫声洪亮,传遍山谷。下树后,雄孔雀走在最前面,雌孔雀、幼小孔雀走在后面,它们走路一步一点头,不断伸颈向四周张望,同时雌孔雀不断"咯、咯、咯……"地低声叫着,招呼幼孔雀,免得走散。

孔雀生活在海拔 2000 米以下的热带、亚热带常绿阔叶林和混交林,或者竹林、灌木丛中,特别喜欢在小河、耕地旁和林中空旷的地方活动。

日落西山,夜幕即将降临,它们返回栖宿地睡觉。上树前它们会向四周张望,见无敌害才放心地上树。上树后,它们不断伸颈,居高临下四处探望,看见没有异常情况,便将头夹入肋间,安静地入睡。

灵猫是它们的天敌,豹子有时也会伤害它们。虽然它们两翼短,不善飞行,但它们机敏,并且两脚健壮,遇到危险时会健步如飞,很快逃进密林,使敌人难以捕到。

安分的雌孔雀

每年 2 月,孔雀开始求偶。有的雄孔雀占地为王,除了雌孔雀可以进入它的领地,任何别物不得进入,连人也不例外。北京动物园曾在儿童动物园内养有几只孔雀,平时孩子们观赏它们,它们也不在意,可到了求偶期,雄孔雀便变得好战。它厉害得很,只要一发现有人进入,它过去就啄,特别是对穿花衣服的更是恨之入骨,非要把对方啄伤不可。到后来,它连饲养员也不认了,啄伤人的事也出现了。动物园没办法,只好把它送到外地,求偶期的"孔雀王子"可真不好惹哩!

相较之下,雌孔雀就安分守己多了,一旦怀卵,它就找一个灌木丛或竹丛等不易被发现的地方，做一个简陋的巢，垫些杂草、枯枝、落叶、碎羽毛等物。它每隔一天产一个卵，一窝可产 4 ～ 8 枚。雌孔雀趴窝孵化 28 天左右，雏鸟就出壳了。雏鸟出壳后，就跟着父母活动。它们成长不快，一年才长成尾屏，两年才成熟，三年才披上成年羽衣。

孔雀是驰名中外的观赏鸟，它们也有别名，如"越鸟""南客"等。世界上有 3 种孔雀，即蓝孔雀、绿孔雀和刚果孔雀，产在我国云南南部和西双版纳的是绿孔雀，是我国一级保护动物。

人们喜爱孔雀。每当春暖花开的季节，人们到动物园游玩时，看到孔雀开屏都会流连忘返。孔雀在动物园内自由自在地散步，很少有人伤害它们，即使它们悄悄走出园外，人们看见了也会把它们抱回来。

闻名世界的大天鹅

纯洁优美高雅

提起天鹅，古今中外无人不晓，它们是美丽和纯洁的象征。无论是澳洲产的黑天鹅，南美洲产的黑颈天鹅，或者是我国产的大天鹅、小天鹅和疣鼻天鹅，都是人们喜爱的大鸟之一。特别是产在我国的这 3 种天鹅更是诗人、画家、音乐家、剧作家、雕塑家赞美和颂扬的对象。

大天鹅是所有天鹅中最闻名的一种，它身着洁白如雪的羽衣，黄黄的额饰，黑黑的嘴，叫声洪亮，很远都能听到，所以又有"咳声天鹅"之称。它身长 1.2 ～ 1.6 米，体态优美，行为高雅。每年春暖大地的时候，它们会回到东北、西北的繁殖地，传宗接代。

天鹅们的爱情是纯洁的，忠贞的。它们"长大成人"后，便"自由恋爱"结成伉俪，从此天鹅"夫妇"形影不离。它们一起觅食，一起漫游，一起嬉戏，亲密无间。

不久，它们要生儿育女了，于是"夫妻"双双远离岸边，找一个湖水中的小岛，在那里建造巢室。在野外是这样，在动物园里也是如此，它们想办法找水中的小岛，搜集材料，建成一个巨大的简陋巢室，在里边铺上苇叶、绒毛等物。

天　鹅

雌天鹅每次产下 4 ～ 6 枚卵，"夫妻"轮流趴窝，轮流站岗放哨。在此期间，它们决不允许其他鸟类侵入它们的"管辖区"。

神圣不可侵犯

天鹅身强力壮，从不受欺辱，它们也不侵犯别人的领地和伤害其他鸟禽。它们有一种神圣不可侵犯的尊严，所到之处，各种鸟类都会主动"回避"或让出一条道来，如果有谁敢来侵犯，它们会追上去又啄又扇。要知道，天鹅的翅膀相当厉害，往往会把对方的翅膀或腿扇折。动物园里就曾发生过这样的事：大鹈鹕是同天鹅一般大小的大鸟，一张大嘴比天鹅大几倍，在水禽中也算一员勇将，别的鸟禽见了它，总是敬而远之。然而它不知天高地厚，硬是闯入正在趴窝孵化的天鹅领地，正在站岗的雄天鹅很快发现了它，立即追上来，连啄带扇，将鹈鹕一只翅膀扇断，鹈鹕这才知道天鹅的厉害，狼狈逃跑。

特别是有一次，丹顶鹤在岸边散步，天鹅游上岸来，丹顶鹤不但没有"回避"，反而迎上去用长喙啄天鹅，这下可惹怒了天鹅。啪！天鹅一膀子就把丹顶鹤的腿给扇断了，可见天鹅的力气有多么大。据饲养员讲，在它们繁殖期间,连饲养人员对它们都要小心翼翼,否则会被它们扇断小腿。

它们的小宝贝经过 35 ～ 40 天破壳问世。天鹅妈妈把自己腹部的脂肪涂抹在小宝贝们的身上,天鹅宝宝们就能跟随妈妈下水游泳了。

小天鹅们在妈妈的带领和照料下,学着寻觅各种水生植物的茎、叶、芽、种子和软体动物、昆虫等来吃。

秋高气爽,北方开始变冷,大天鹅们集结成 20 只左右的小群,排列成"一"字形或"V"字形,搏击长空,飞向华中或东南沿海地区去越冬。

天鹅是"终身伴侣制",如果一方死亡,另一方终身不会再找伴侣。动物园曾发生过这样的事:有一对自由结合的大天鹅,雌天鹅不幸生病死亡了,好心的饲养员又给雄天鹅找来一只雌天鹅为伴,但它们视如仇敌,经常打架,谁也不理谁,最后分道扬镳。

生活在我国的 3 种天鹅都属于国家二级保护动物。我国新疆巴音布鲁克的"天鹅湖"是天鹅繁殖的基地,每年春天会有上千只天鹅来此繁殖后代。江西的鄱阳湖又是天鹅过冬的宝地,青海湖鸟岛西南方的泉湾也是天鹅越冬的地方,除上述地方以外,天鹅无论飞到哪里,也都会受到人们的保护。

我国其他珍稀动物

扬子鳄有救了

在我国安徽、江苏和浙江三省的长江中下游一带，生存着我国国宝动物之———扬子鳄。

扬子鳄长得并不美，甚至很丑，身长 1～2 米，体重约为 36 千克，扁扁的头，扁扁的身子，腹朝地背朝天，背上有六条暗褐色带有黄斑和黄色的角质鳞。这一身保护色恰到好处，它趴在地上，同灰色的湿地一个颜色，游在水里也难以被发现。扬子鳄灰白色的腹面上也有黄灰色的小斑和横条，粗壮的尾巴还长着灰黑相间的环纹。四条肥短的腿伸在它身体两边，细看前肢的五趾，没有蹼；后肢四趾，带有蹼，适应水陆生活。如果它张开短而圆的血盆大口，70 多颗尖尖的牙齿暴露无遗。这样一副容貌，使人们觉得它像个"丑八怪"，招不来人们的喜爱。

俗话说，"人不可貌相，海水不可斗量"，别看扬子鳄外貌丑，它可是科学家们的宠儿，是科学价值很高的动物。翻开扬子鳄的兴衰史就可以知道它对当今科学的贡献。

活化石

早在 2 亿年前，鳄类就出现了，从有关化石发掘的资料中可以看出，那时，鳄类的种类和数量要比现在多得多，分布也广，仅在我国发现的鳄类化石就有17个属。它们和恐龙一样，在1.4亿年前的白垩纪达到了黄金时代，到处都是它们的足迹。看来，它们的资格要比大熊猫和白鳍豚老得多。

大自然的变化是无情的。到了6000多万年前，动物们大祸临头，大小恐龙被一扫而空。只有鳄、龟、蛇、蜥四大家族顽强地迎战着大自然的各种冲击，留下了若干子遗。它们从中生代存活到现在，其构造没有多大变化，可见它们是古老的、残存的动物。而扬子鳄远在人类出现以前就生活在这块土地上，所以它是货真价实的"活化石"。

我们古代流传着龙的传说。据科学家考证，龙实际是鳄的化身：修长的身体，鳞爪分明，血盆大口，利齿排列，尾似钢鞭，这些都符合人们想象中的龙的形象。当时，我国存在着扬子鳄和湾鳄两种鳄鱼，殷商甲骨文里把扬子鳄叫作鼍，湾鳄叫作蛟，因此它们又有了"鼍龙"和"蛟龙"之称，是人们膜拜的对象。但事实上扬子鳄和湾鳄如同患难的堂兄弟，躲过了天灾，却难逃人祸。

扬子鳄性格温顺，从不损害人类的利益，甚至在遭到人们的伤害时也不反手相击，因此幸免灭族之难。但是它们的日子并不好过，每个朝代都有不少的成员死于屠刀之下。从西周到明末，人们一直保持着吃鼍肉的习俗。古人剥它们的皮，吃它们的肉，但还没有达到对它们赶尽杀绝的程度。可是随

扬子鳄

着人口不断地增多以及生产的发展,围湖垦田、放干沼泽、大量伐树等行为破坏了扬子鳄的生态环境,使它们的数量越来越少。20 世纪 70 年代中期,经过相关科技人员普查,野外的扬子鳄只剩下不足 500 条,处于濒危境地。

"慈悲"的眼泪

扬子鳄大脑发达,能敏锐地发现敌人,一旦发现敌人就迅速地逃之夭夭;为了防备敌害,它不得不把洞穴弄成纵横交错的迷宫一般,每年从 10 月下旬就开始入洞休眠。它是鳄类中唯一的冬眠动物。隆冬季节,在它的洞穴里趴卧的地方虽然还保持着 10 摄氏度的恒温,可是它深深入睡,看不出还有呼吸,简直和死了一样。到第二年 4 月中下旬它才出洞,真是半年睡觉,半年活动。

一觉醒来,已到了暮春时节。它的体力已被消耗殆尽,饥肠辘辘,忙于觅食。生物学家曾解剖过扬子鳄的胃,里边大多数是田螺、河蚌等行动迟缓的动物,此外就是鱼、蛙、虾、蟹、水生昆虫等。

扬子鳄在吃食物时会流眼泪,人们称之为"鳄鱼的眼泪",形容假惺惺的样子。其实,那是许多爬行动物的共同生理现象。因为它们的肾脏不发达,要靠泪腺排掉身体里多余的盐分,并不是人们所说的"假慈悲"。

扬子鳄需要的营养补充了,体质也恢复了,到了 6 月上中旬开始"结婚",生儿育女。至 7 月中旬,雌鳄通常一次产下 10 ～ 30 枚卵,用厚草覆盖,利用它腐烂发酵的热量来孵化这么多的卵。同时,雌扬子鳄经常守卫在旁边,此时它的性格变得异常凶猛,随时防止敌人伤害它的孩子们。经过两个多月的孵化期,小鳄陆续出壳。守卫在旁的鳄妈妈听见自己孩子的叫声,还会扒开覆草,帮助小鳄出壳,然后引导孩子们下水。

在这个世界上,扬子鳄也有它的近亲,即住在北美洲南部的密西西比鳄。它们是仅有的两种生活在温带的短吻鳄类。

它们的生态特点、行为表现为科学家们进行科学研究提供了活体标本。科学家最近发现,它们的雌雄性也和其他一些爬行动物一样,不是由性染色体决定，而是由受精卵两周后的温度来决定。在 26～30 摄氏度的环境下，孵化的幼鳄都是雄性；在 34～36 摄氏度的环境下，孵出的都是雄性；在 31～33 摄氏度的环境下，孵出的雌的多于雄的。总的说来，雌的扬子鳄要比雄的多。

有效的保护

　　扬子鳄的科学价值是很高的，但是它们在野外的数量不断减少，因此引起了科学界的重视。国家把扬子鳄定为一级保护动物，国际自然保护联盟把它们列为一级濒危动物。我国在皖南青弋江两岸，浙江安吉、长兴划定了扬子鳄保护区，在皖南宣城郊外建立了养殖场。在这个养殖场里，工作人员不断摸索经验，失败了再摸索，终于人工饲养繁殖出 200 多条扬子鳄，相当于其野生数量的一半。这给人们带来了希望，扬子鳄有救了。宣城扬子鳄繁殖研究中心在安徽师范大学生物系师生的协助下，对扬子鳄的栖息环境、活动、食物以及营巢、产卵、孵化等一系列生活行为作了大量的观察和研究，使近 200 条从野外收集到的扬子鳄在这里安家落户，传宗接代，繁衍发展。随后江西南昌动物园养殖扬子鳄也获得了成功。经过不断努力，现在中国鳄鱼湖有近 1.5 万条人工养殖的扬子鳄。

　　人们总算找到了拯救珍稀动物扬子鳄的办法，扬子鳄将在人们的保护下得到发展，与人类长期共存。

驰名中外的瑶山鳄蜥

它没有金丝猴那样漂亮的仪表，也没有大象那么庞大的身躯，更没有鹤类那样的雍容和孔雀那样的艳丽，然而它的名字与大熊猫并驾齐驱，驰名中外。它就是小巧玲珑、其貌不扬的瑶山鳄蜥。

身兼两物

说它像蜥蜴，可它长着鳄一样的身躯；说它像鳄，它又长着蜥蜴的头，所以它的名字占了"鳄蜥"两字。它身长 22～38 厘米，重不到 1 千克，背面棕褐色，体侧颜色比较淡，带有橘黄、桃红色的条纹和斑点，从背到尾有暗黑色宽横纹；特别是它那条侧扁的尾巴，有 20 多厘米长，上有两行整齐的嵴棱，和前面说的扬子鳄尾巴的样子非常相像，真好似扬子鳄的缩影。但它始终保持着祖传的"断尾术"，在情况紧急下能和蜥蜴一样，断掉尾巴逃之夭夭，日后还能再生出短而圆的尾来。就为这个缘故，叫它鳄蜥也更为名正言顺。

鳄蜥的本领可不只是能断尾，它善于游泳，而且潜水的本领很高，一口气能潜 20 分钟。它平时小心翼翼，栖息在溪流上面的树枝上时总要东张西望，一遇到风吹草动，它会立即掉入水中，潜水逃命。因此，当地群众送给它一个不雅的名字"落水狗"。

我国广西大瑶山地区，重峦叠嶂，植被茂密，深涧小溪随处可见，而且这里食物丰富，是鳄蜥的天堂。它们主要觅食昆虫、蝌蚪、蚯蚓、小鱼、小青蛙等。

鳄蜥一旦住进动物园，对"住宅"的要求可高啦！室内要保持 22 摄氏度的恒温，要有 60%～80% 的湿度，还要有清洁的水和新鲜空气。它还只吃活物，不食死物，所以动物园只好想办法为它们准备蛾、蝶、甲虫、蟋蟀、蚯蚓等活食。这些条件满足了，鳄蜥便在人工饲养下"安心"生活，繁殖后代。否则，它们会以"绝食相抗"，直到死亡。

每年夏末秋初，是鳄蜥"成婚"之际。在浅水或沙滩上，雄鳄蜥追逐着雌鳄蜥，追求成功欢度蜜月后不久，雌鳄蜥怀孕。"娘怀儿"9 个多月，也就是在第二年春天，小鳄蜥才出世。

鳄蜥生儿育女，既不是卵生，也不是胎生，而是"卵胎生"，这在爬行动物中算高等的了。卵不排出体外，而是在雌鳄蜥体内孵化，但不给胚胎另外提供营养，由卵本身自给。小鳄蜥（4～8 条）出世后，身披薄膜，它们伸出前爪抓破薄膜，爬了出来，身重 8 克，能下水游泳和独立活动。可怜它们从小就没有得到父母的爱护，而它们的父母也从来不会关心儿女，有的雄鳄蜥甚至会把儿女吃掉。

天真的俘虏

别看鳄蜥个儿不大，全身像苦瓜的皮，疙里疙瘩，貌不惊人，它的族类可是生活了 1 亿年之久的古老动物。鳄蜥早在 1930 年就被德国学者鉴定为独科、独属、独种，它只分布在我国广西金秀县的大瑶山，以及昭平县、贺州市等地，为我国特有的珍稀物种，被定为国家一级保护动物。

由于人们的乱砍滥伐，山林遭到了破坏，山涧溪流渐渐干涸，可怜的鳄蜥没有生存之地，种族数量越来越少。再加上它有一个致命的毛病——贪睡，整晚趴在树枝上睡大觉，冬天钻入石缝或树洞里睡上五六个月，无论人怎么摸它，它都不动弹，很容易被捕捉。当它被捕后就会装死，即使你把它翻个四脚朝天，它也一动不动，想乘人不注意，溜之大吉。这未免太天真了，人怎么可能会被它骗住，到头来它还是身陷囹圄。就这样，它们到 1983 年只剩下几百条，面临着灭绝的危险。

为了保护和拯救这一珍稀物种，政府在金秀县建立了瑶山鳄蜥保护区，禁止人为捕杀，同时，开展人工饲养鳄蜥的研究工作，使其繁殖。这样一来，拯救鳄蜥免于灭绝才有了希望。

两栖动物"娃娃鱼"

丑陋的体貌

很早以前，人们就知道有"娃娃鱼"这种动物。古装戏《蝴蝶杯》中就写到一个打鱼老翁捕获了一条娃娃鱼，将其视为珍宝。后来这条娃娃鱼被衙门官吏抢走，老翁极力保护，因此丧生。为什么管它叫娃娃鱼？我国古书籍中有过记载，说它"四足，声似小儿"，即它的叫声如同婴儿啼哭，所以叫它"娃娃鱼"。知道娃娃鱼的人很多，但知道它的学名叫大鲵的人不多。

它在近3000种两栖动物中，以体型大名列前茅。成年的大鲵身长0.6～2米，体重10～50千克。几十年前，湖南桑植县村民曾捕到一条长3米多、重73.5千克的大鲵，可以算得上大鲵中的"巨人"了。

大鲵长得一点也不美，可以说"傻大黑粗"，它的头和身躯一样，又宽又扁，看不出颈的分界。头顶上有两只很小的鼻孔和一对绿豆大的眼睛，连眼睑也没有。一张宽阔的大嘴，里边密排着锋利的小牙齿，这是它搏斗猎食的有力武器。身体两侧的皮肤褶子，更增加了它的丑，不过皮肤光滑湿润，有利于它在水中生活。侧扁的尾巴大约占身长的三分之一，尾端又成了圆形。胖乎乎的四肢，有点像婴儿的胳膊腿，可前肢只有四趾，后肢是五趾，趾间有蹼。棕黑色的背部，长有不规则的大黑点，活像迷彩服。从头到背上还长有小疣粒，这些小疣粒是区别中国大鲵和日本大鲵的标志之一。世界上的大鲵有3种：中国大鲵、日本大鲵和隐鳃鲵。疣粒成对排列的是中国大鲵，疣粒单行排列的是日本大鲵，中国大鲵的体型要比日本大鲵更大些，也更重些。

奇特的生活

别看大鲵身体笨重，但是它在猎食、防敌害方面很有办法。它经常隐藏在洞口或山溪石头后面，利用皮肤颜色和沙石颜色相近来保证自己不被来往的鱼虾、青蛙、螃蟹注意，然后"守株待兔"，等到这些食物游近，它才突然袭击，咬住不放。

大鲵的敌人是黄鼠狼等小型食肉动物。一旦遇敌，它会用锋利的牙齿、粗壮的四肢、有力的尾巴咬、抓、抽打敌人，进行自卫还击。当它既不能克敌制胜也不能脱身时，它便"哇"的一声，把胃里的臭鱼烂虾朝敌人喷去，一是把敌人吓跑，二是趁敌人抢吃这些呕吐物时溜之大吉。如果不

大　鲵

幸被敌人咬住，不能挣脱，它会用最后一招，从颈部毛孔分泌出一些黏糊糊的白色毒汁，弄得敌人口舌甚至全身都不舒服，只好把它放开。

大鲵不但爱吃鱼、虾、蛙、蟹等荤食，还爱吃山椒果实和树叶，熏染得满身山椒气味，所以有的地方又叫它"山椒鱼"。

它能忍饥耐寒。高山溪涧中水温很低，它似乎并不怕冷。冬天来了，它

要冬眠四五个月,等到翌年春暖花开时,它自然会醒来。醒来后,它饥不择食,同类相残,弱肉强食,甚至吃起弟弟、妹妹和自己的孩子来,所以有些地方叫它"狗鱼"。

它们养儿育女的方式也很特别,每年七八月份,雌鲵在靠岸或洞穴内的水中产下四五百粒卵,然后雄鲵赶去在这些卵上射精,受精卵像一串珍珠,雄鲵把它缠围在身上,免得被别的鱼吃掉。可它自己饿了,则无暇顾及这些儿女,以填饱肚子为快。剩下的儿女在20天左右就出世了,一个个像小蝌蚪似的,用没有盖的鳃呼吸,等五六岁时成熟了才用肺呼吸。它们潜入水中,能待上一两个小时才出来换一次气。

大鲵由于肉质鲜美,是宴席上的珍品,所以常常横遭杀害。人类若不采取措施,大鲵有灭绝的危险。

根据大鲵的经济价值和科学意义,国家把它们定为二级保护动物。同时,从20世纪70年代起,湖南、湖北、陕西等省对大鲵进行人工饲养、繁殖,并初步取得成绩。我们相信,大鲵在人们的保护下会得到更大的发展。

同乡故友中华鲟、白鲟

千里洄流寻故地

　　我国除了大海、山川、陆地生活着珍稀动物外,内地江河中也生存着不少珍稀的鱼类资源。中华鲟、白鲟都是我国著名鱼类,是国家一级保护动物。

　　中华鲟身长 0.4 ~ 1.3 米,重 500 多千克,整个身体呈梭形。青灰色的背部拱起成弧形,白色的腹部平直,好似一艘潜水艇。头部背面有光滑的骨板,身上排列着五条纵行骨板,非常好看。尾鳍上叶比下叶发达,有一行脊状骨板,好似飞机的尾翼。吻尖向前上方突出,口在下方,像一横的裂口,能向外伸缩自如,口前面还长有对须。它的眼睛不大,鳃孔却很大,看起来很不相称,但这对它们在水底生活是很有帮助的。它们是典型的底层鱼类,吃动物性食物,从蚊子、蜻蜓的幼虫、水生昆虫到软体动物及其他小鱼等,都是它们的取食对象。

　　它们的名字可多啦!鳇鱼、鲟鱼、鳣鱼、苦腊子等都是它们的名字。提起它们的生活可真有意思,它们出生在长江、钱塘江和黄河,乃至沿海各地。目前,其他地区的种群都已绝迹,长江种群是唯一幸存下来的中华鲟种群。它真是江里出生,海里成长,洄游于咸、淡水之间,并因为这点而闻

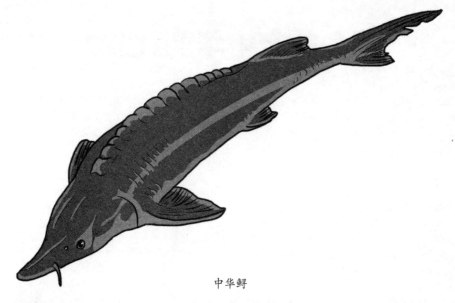

中华鲟

名于世。

它们每年沿着一条固定不变的线路洄游。从每年 9 月下旬到 11 月上旬，成年的中华鲟(雄鱼 11 岁，雌鱼 14 岁)成群结队，从东海进入长江上游，到四川宜宾附近的金沙江一带繁衍后代。雌鱼将 50 万～ 100 万粒卵产在石头上，雄鱼跟着射精。它们只管生，不管养，天生没有护养儿女的本领。这些还在襁褓中的小生命，在没有父母保护的情况下，大部分成了黄鲟、铜鱼的美味佳肴，还有一小部分随波逐流或被泥沙掩没，只有极少数的幸存者能够孵化出来，顺江漂流入海。它们在海中过上 10 年，"长大成人"后，便追寻着幼年的旅途，回到长江上游产卵场去生儿育女。它们一别十几年，溯流 3000 千米，为什么不会迷途呢？这是动物学家、仿生学家极感兴趣的问题。我们相信在不久的将来，这一奥妙会被揭示出来。

抢救国宝谱新章

人们在江河上建设，往往会破坏水里生物的生活规律。1981 年，葛洲坝工程截流，阻塞了中华鲟到长江上游产卵的通道。成群的鲟鱼被滞留在坝下，它们烦躁不安,有的急得跃出水面;有的硬往水泥墩上撞,结果受伤;有的还想从水轮机中钻过去,结果被绞死在里边。看到这些悲惨景象,很多人为此担心:建了葛洲坝,中华鲟是否会绝种?

然而,鱼和人一样,拼死也想活下去,它们过不去葛洲坝,会想别的办法生存下来。1982年底,科研人员在葛洲坝下游宜昌江段发现了中华鲟自己新开辟的天然产卵场和孵出的幼鲟,它们渡过了难关,自己救了自己。

但是,中华鲟是我国国宝,是国家一级保护动物。葛洲坝阻塞了中华鲟的洄游路线,引起了人们的重视,人们不愿意因此而使中华鲟的家族衰亡下去。于是,1981年夏季,科学界在北京召开了全国性葛洲坝救鲟学术会议,专家们在会议上确定了对中华鲟采取人工繁殖、放流的方针。1984年,葛洲坝库区支流黄柏河中的人工岛上,建成了我国第一个中华鲟人工繁殖放流站。同年10月,该站首次成功地培养出5万尾鲟苗,并在坝下放流了6000尾500克重、有生存能力的幼鲟,1985年秋天又放流了10万尾,1986年放流了34万尾合格的幼鲟。另外,工作人员还把坝下的成年鲟捕送过坝,让它们回老家去产卵。

种种措施,并没有成功挽救中华鲟在不断减少的趋势。相关调查显示,近年来,水域污染、航运发展成为了杀害中华鲟的新元凶,长江口幼鲟的分布范围还在不断缩小。

有人说:生物最初起源于水中。鲟科动物属软骨硬鳞类,在两亿年前曾经盛极一时,资格可比恐龙还老。现代鲟只是它们的孑遗。所以中华鲟是有名的"活化石",对古生物学、地质学的研究都有重要意义。

中华鲟个大肉多,肉味鲜美,特别是其黑色的卵更是珍贵的食品,是制作鱼子酱的上等原料:1千克鱼子可以卖几百美元,而一条中等雌鲟鱼,一次可以产下两大水桶的卵,相当于几十头牛的身价。另外,它的皮可以制革,鳔可以入药,鳔和脊索可以制鱼胶,真是全身是宝,所以,我们今天研究中华鲟、保护中华鲟、发展中华鲟的意义就更大。

世界之最数白鲟

中华鲟的"同乡"白鲟,是我国特产珍稀动物,属于国家一级保护动物。

白鲟也有一个梭形体形,全身裸露,没有鳞片,或者只有退化的鳞片痕迹。它的体色是青灰色,到腹部是白色,身长有 2 米多,体重 200 ~ 300 千克。据说最大的白鲟体长可达 7 米,所以四川人说:"千斤腊子万斤象。""腊子"指中华鲟,"象"指白鲟,说白鲟重万斤,当然是夸张的说法,不过它确实比中华鲟重些。

那四川人为什么把白鲟叫作"象"呢? 这要从它们的长相说起了。白鲟的头本来就长,又在前面长出了长吻,好像一柄长剑,又好似象的鼻子,所以有人管它叫"象鼻鱼"。再加上两边的大鳃盖,仿佛象的耳朵,因此它们又得了一个"象鱼"的名字。

得了一个"象鱼"的名字,又有一个庞大的身躯,这就使白鲟成了淡水鱼中之最。 1979 年版的《吉尼斯世界纪录手册》中认为,亚马孙河的波拉鲁库鱼是世界最大的淡水鱼,其实它只有 200 多千克重。又有人认为 1918 年 9 月在苏联邓斯那河捕到的一条欧洲鲇鱼是世界最大的淡水鱼, 其实它也只有 3.35 米长。他们如果见到过我国 6 米长的大白鲟,一定会承认它才是世界最大的淡水鱼了。

白鲟体大口也大,在下方呈弧形,能够伸缩。它的口前面只有一对短须,上、下颌长着尖细的牙齿。它同中华鲟一样,也是眼睛小,鳃大。尾鳍歪形,上叶比下叶长,侧线完全向后延伸到尾鳍上叶。

它们分布在长江、钱塘江、黄河下游地区,偶尔也进入沿江的大湖泊如洞庭湖里。它们生活在水流的中下层,非常善于游泳,能在广阔的水域中自由自在地遨游。它们性情凶猛,喜欢捕食鱼类,也吃虾、蟹。每年 8 月至翌年 4 月繁殖,产卵场在长江上游,因为同样遇到了葛洲坝的阻塞问题,因此它们洄游产卵也受到影响。但它们的困境也和中华鲟一样,得到了人为的解决。

一条体重 30～35 千克的雌白鲟，怀卵能超过 20 万粒，每粒直径为 2.7 毫米左右。它的鱼子和肉都可以食用，鱼鳔和脊索可以制鱼胶。它同中华鲟一样，是科学价值和经济价值很高的珍贵鱼类。

脊椎动物的祖先文昌鱼

著名活化石

福建厦门市东南部有一个同安县(今厦门市同安区),在同安县海湾深处,有一个小渔村,名叫刘五店。它中外闻名,甚至引起过恩格斯的注意。这是为什么呢?原来这里出产一种非常珍贵的动物——文昌鱼。

据说在文昌帝君诞辰的日子,一个渔民用铁铲从清浅的海水底下铲起一铲泥沙,放进簸箕里,然后舀起一盆海水,将泥沙冲掉,于是簸箕里留下许多粉红色的小"扁担",那是一些 3 ～ 6 厘米长、鱼一样的小动物。它们身体侧扁,两端尖尖,分不出头和尾,看不清鳞和鳍,没有眼睛、耳朵和鼻子,全身粉红透明,身子里也没有脊椎骨。

再细看,不对了。这一端钝一点,算它是"头"吧;头上有一点,算它是"眼"吧! 头底下有 10 ～ 20 对触须的地方大概是口。那一端细长些,大概是尾。身上有背鳍、尾鳍和臀鳍,而且在腹面两侧,有由皮肤下垂形成的成对纵褶,就叫它腹褶吧! 那半透明的身子里虽没有脊椎骨,但也有条绳索似的线直通头端,就叫它脊索吧!

据渔民们说,这种鱼习性古怪,生活在咸淡水交汇处的沙滩上。平时它们总把身子埋在泥沙里,只露出头端,以漂流来的海藻等浮游生物为食。直

文昌鱼

到天黑了它们才出来，借助肌节伸缩，以每秒 60 厘米的速度前进，连续游 50 秒钟的样子，就突然停下来。每年 6 月至 7 月份产卵，一年成熟，一生中生殖三次，第三次产卵最多，只活三四岁。

据科学家研究，它们是鱼类的祖先，所以也是我们人类的祖先。猿和人之间的过渡类型是类人猿，无脊椎动物和脊椎动物之间的过渡类型就是头索动物。文昌鱼就是头索动物的典型代表。五六亿年前，它们就已经出现在世界上了。可是，其他亚热带、热带浅海地区的文昌鱼已经发生了演变，唯独这里的文昌鱼仍然保留着几亿年前的原始状态，所以它们是有名的活化石。

闻名全世界

由于文昌鱼的样子特别，我国唐朝就有人注意它，并将它载入史册，刘五店的渔民捕捞它也有 300 多年的历史了。可是，多少年来，人们只将它作为美味佳肴。100 多年前，它的大名传到欧洲，立刻引起恩格斯的注意。恩格斯用它作为例子，嘲笑了那些形而上学者："不仅动物和植物的个别的种日益无可挽救地相互融合起来，而且出现了像文昌鱼和南美肺鱼这样的动物，这种动物嘲笑了以往的一切分类方法……" 从此，文昌鱼成了生物教学和研究的重要材料，很多外国动物学家不远万里到厦门来"拜访"它。

厦门沿海地区是文昌鱼的集中产地，青岛、烟台也有部分文昌鱼，1986 年底人们在河北沿海地带也发现过它的身影。从前文昌鱼的产量很高，远销世界各地，但是从 20 世纪 50 年代后期开始，它们的产量就大大下降了。

现在我国已将文昌鱼列为国家二级保护动物，还将厦门地区的文昌鱼渔场划为自然保护区，防止这种"国宝"在人类手中毁灭。

后 记

弹指一挥间,我敬爱的父亲刘后一离开我们已经20年了。这些年,我时常怀念父亲,父亲为孩子们刻苦写作的身影也常常浮现在我的眼前。令我们全家深感欣慰的是:时间的流逝并没有使人们淡忘他对中国科普事业做出的贡献。此次长江少年儿童出版社出版"传世少儿科普名著(插图珍藏版)"丛书,将父亲的《算得快的奥秘》等8本科普著作进行再版便是佐证。这是对九泉之下的父亲最好的告慰。

父亲是一位深受广大小读者爱戴的、著名的少儿科普作家,这和他无私地将自己的知识奉献给孩子们不无关系。父亲非常重视数学游戏对少年儿童的智力启发,几十年间,他为孩子们创作了大量数学科普读物。此次出版的《算得快的奥秘》《从此爱上数学》《数字之谜》及《生活中的数学》4本数学科普书,便是从这些读物中选出来的。

中国著名数学家、中国科学院系统科学研究所已故研究员孙克定,在20世纪90年代父亲在世时,为《算得快的奥秘》所作序中写道:"《数学与生活》(原书名)实际上是一本谈数学史的书,可是他讲得很生动有趣,还加进了一些古脊椎动物、古人类学知识,因此也谈得颇有新意。主题思想也是正确的:'数学来自生活,生活离不了数学。'"

"社会影响最大的还是要推《算得快》。这是1962年,他应中国少年儿童出版社之约编写的，其中今日流行的速算法的几个要点都已具备。但是由于考虑到读者对象，形式上他采用了故事体，内容则力求精简，方法上则废除注入式，而采用启发式，以至有些特点竟不为人所注意。例如速算从高位算起，他在计算 36 + 87 的时候，就是用'八三十一、七六十三'的方式来暗示的；直到第 11 章才通过杜老师的口说出'心算一般从前面算起'的话，又通过杜老师的手，明确采用了高位算起的方法。其他乘法进位规律、化减为加，等亦莫不如是。"

后来，父亲又对《算得快》进行了两次较大的修改，一方面删繁就简，将一些烦琐的推导式简化；另一方面，又将过去说得简略的地方作了补充，使要点更加突出，内容更加丰富。但是，由于考虑到少儿读者的接受能力，父亲没有增加内容的难度，乘除法仍然以两位数乘除为主。在第二次大的修改中，父亲接受读者要求，除了将部分内容有所增减外，还介绍了一些国内外速算的进展情况。只要是真正有所创造、发明，又能为少年儿童接受的，父亲都尽量吸收其精华，奉献给读者。

《奇异的恐龙世界》是湖北少年儿童出版社（现长江少年儿童出版社）20世纪 90 年代出版的《刘后一少儿科普作品选辑》（全 4 辑）中关于生物学的一部选辑，本次再版的《大象的故事》《奇异的恐龙世界》《珍稀动物大观园》和《人类的童年》4 本科普书均选自该部选辑。

父亲在大学是专攻生物的，写这部选辑是他的本行。但是，要写出少年朋友喜闻乐见的科普作品也不是件容易的事，既要有乐于向孩子们传播科学知识的精神，也要有写好科普作品的深厚功力。父亲在写作时善于旁征博引，又绝不信口开河。即使是谈《聊斋志异》中的科学问题，他的态度也是很严谨的。父亲在写《大象的故事》时，力求写得生动有趣，使读者深刻地了解大象的古往今来；在写《珍稀动物大观园》时，除了介绍世界各地珍稀动物的形态、行为、珍闻逸事外，父亲还流露出对世界人类生态环境的深深忧虑。他号召少年朋友们爱护动物、尊重动物，努力为保护动物做一些有益的事情。

父亲自幼酷爱读书，但他小时候家境贫寒。由于父母去世早，他连课本和练习本都买不起，全靠姐姐辛苦赚钱送他上学。寒暑假一到，他就去做商店学徒、修路工、制伞小工、家庭教师等，过着半工半读的生活。好不容易读完初中，父亲听说湖南第一师范招生,而且那个学校不用交学费,还管饭,他便去报考,居然"金榜题名"。这是父亲生平第一件大喜事,也决定了他一生的道路。

父亲有渊博的知识,后来写出大量的科普作品,完全与他的勤奋好学分不开。记得我上小学和中学的时候,父亲经常不回家,有时回家吃完晚饭后又匆忙骑自行车回到单位,为的是将当时我家非常拥挤的两间小房子让给我和妹妹们写作业,而他自己不辞辛苦地回到他的办公室去搞科学研究,进行科普创作,这一去一回在路上都需要两个小时。20世纪70年代初期,父亲去干校劳动,在给家里的来信中常常夹着他创作的科普作品,那是父亲要我帮他誊写的稿件。原来,因为干校条件很差,父亲搞科普创作,只能在休息时进行构思,然后再将思路记录在笔记本上,很多作品就是在那样艰苦的环境中创作出来的。

父亲具有勤俭节约的美德,一直都反对浪费。虽然他享有"高干医疗待遇",但是在唯一的也是最后一次住院治疗时,拒绝了住干部病房,而是在6个人一间的病房中一住就4个多月。父亲说,这是因为他不忍心让国家为他支付更多的费用。父亲一生中仅科普著作就有40余本,光那本著名的《算得快》便发行了1000多万册,但他所得到的稿酬并不多。尽管如此,他仍然经常拿出稿酬,买书赠给渴求知识的青少年。他还曾资助了8个小学生背起书包走入学堂,并将《算得快》《珍稀动物大观园》等书的重印稿酬全部捐赠给中国青少年基金会,以编辑出版大型丛书《希望书库》。

令父亲欣慰的是,对于他在科普创作中所取得的突出成就,党和国家给予很高的荣誉,他所获得的各种奖励证书有几十本之多。《算得快》曾获得全国第一届科普作品奖,并被译成多种少数民族文字出版。1996年,他还被国家科委(现为中国科学技术部)和中国科协授予"全国先进科普工作者"的称号。值此长江少年儿童出版社出版"传世少儿科普名著(插图珍藏版)"丛书之际,我谨代表九泉之下的父亲,向长江少年儿童出版社以及郑延慧、刘健飞、周文斌、尹传红、柯尊文等一切关心和帮助过他的人深表谢意!

刘后一长女刘碧玛

2016年11月6日写于北京

鄂新登字 04 号

图书在版编目（ＣＩＰ）数据

珍稀动物大观园 / 刘后一著. —武汉:长江少年儿童出版社,2017.5
（传世少儿科普名著:插图珍藏版）
ISBN 978−7−5560−5633−0

Ⅰ.①珍…　Ⅱ.①刘…　Ⅲ.①珍稀动物—少儿读物　Ⅳ.①Q95−49

中国版本图书馆 CIP 数据核字（2017）第 022506 号

珍稀动物大观园

出 品 人:李　兵
出版发行:长江少年儿童出版社
业务电话:（027）87679174　（027）87679195
网　　址:http://www.cjcpg.com
电子邮件:cjcpg_cp@163.com
承 印 厂:武汉中科兴业印务有限公司
经　　销:新华书店湖北发行所
印　　张:10.5
印　　次:2017 年 5 月第 1 版,2017 年 5 月第 1 次印刷
规　　格:710 毫米 × 1000 毫米
开　　本:16 开
书　　号:ISBN 978−7−5560−5633−0
定　　价:18.00 元

本书如有印装质量问题　可向承印厂调换